中华传统食材丛书

总主编 魏兆军 陈寿宏

# 籽实卷

主编 范柳萍 马意龙
编委 陈圣雄 魏兆军 李肖肖

合肥工業大學出版社

图书在版编目（CIP）数据

中华传统食材丛书.籽实卷/范柳萍，马意龙主编. —合肥：合肥工业大学出版社，2022.8

ISBN 978-7-5650-5118-0

Ⅰ.①中… Ⅱ.①范… ②马… Ⅲ.①烹饪—原料—介绍—中国 Ⅳ.①TS972.111

中国版本图书馆CIP数据核字（2022）第157792号

## 中华传统食材丛书·籽实卷

ZHONGHUA CHUANTONG SHICAI CONGSHU ZISHI JUAN

范柳萍　马意龙　主编

项目负责人　王　磊　陆向军
责任编辑　吴毅明
责任印制　程玉平　张　芹
出　　版　合肥工业大学出版社
地　　址　（230009）合肥市屯溪路193号
网　　址　www.hfutpress.com.cn
电　　话　党 政 办 公 室：0551-62903038
　　　　　营销与储运管理中心：0551-62903198
开　　本　710毫米×1010毫米　1/16
印　　张　11.25　字　数　156千字
版　　次　2022年8月第1版
印　　次　2022年8月第1次印刷
印　　刷　安徽联众印刷有限公司
发　　行　全国新华书店
书　　号　ISBN 978-7-5650-5118-0
定　　价　99.00元

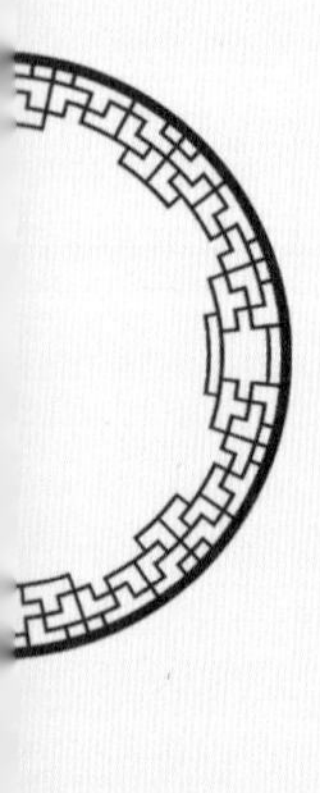

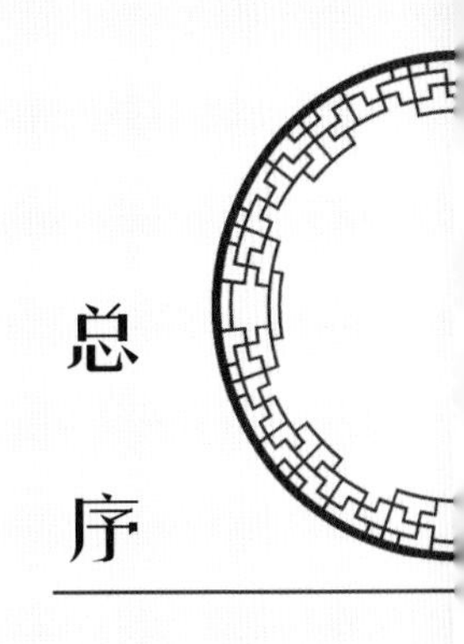

# 总序

健康是促进人类全面发展的必然要求，《“健康中国2030”规划纲要》中提出，实现国民健康长寿，是国家富强、民族振兴的重要标志，也是全国各族人民的共同愿望。世界卫生组织（WHO）评估表明膳食营养因素对健康的作用大于医疗因素。“民以食为天”，当前，为了满足人民日益增长的美好生活的需求，对食品的美味、营养、健康、方便提出了更高的要求。

中国传统饮食文化博大精深。从上古时期的充饥果腹，到如今的五味调和；从简单的填塞入口，到复杂的品味尝鲜；从简陋的捧土为皿，到精美的餐具食器；从烟火街巷的夜市小吃，到钟鸣鼎食的珍馐奇馔；从“下火上水即为烹饪”，到“拌、腌、卤、炒、熘、烧、焖、蒸、烤、煎、炸、炖、煮、煲、烩”十五种技法以及“鲁、川、粤、徽、浙、闽、苏、湘”八大菜系的选材、配方和技艺，在浩渺的时空中穿梭、演变、再生，形成了绵长而丰富的中华传统饮食文化。中华传统食品既要传承又要创新，在传承的基础上创新，在创新的基础上发展，实现未来食品的多元化和可持续发展。

中华传统饮食文化体现了“大食物观”的核心——食材多元化，肉、蛋、禽、奶、鱼、菜、果、菌、茶等是食物；酒也是食物。中国人讲究“靠山吃山、靠海吃海”，这不仅是一种因地制宜的变通，更是顺应自然的中国式生存之道。中华大地幅员辽阔、地大物博，拥有世界上最多样的地理环境，高原、山林、湖泊、海岸，这种巨大的地理跨度形成了丰富的物种库，潜在食物资源位居世界前列。

“中华传统食材丛书”定位科普性，注重中华传统食材的科学性和文化性。丛书共分为30卷，分别为《药食同源卷》《主粮卷》《杂粮卷》《油脂卷》《蔬菜卷》《野菜卷（上册）》《野菜卷（下册）》《瓜茄卷》《豆荚芽菜卷》《籽实卷》《热带水果卷》《温寒带水果卷》《野果卷》《干坚果卷》《菌藻卷》《参草卷》《滋补卷》《花卉卷》《蛋乳卷》《海洋鱼卷》《淡水鱼卷》《虾蟹卷》《软体动物卷》《昆虫卷》《家禽卷》《家畜卷》《茶叶卷》《酒品卷》《调味品卷》《传统食品添加剂卷》。丛书共收录了食材类目944种，历代食材相关诗歌、谚语、民谣900多首，传说故事或延伸阅读900余则，相关图片近3000幅。丛书的编者团队汇聚了来自食品科学、营养学、中药学、动物学、植物学、农学、文学等多个学科的学者专家。每种食材从物种本源、营养及成分、食材功能、烹饪与加工、食用注意、传说故事或延伸阅读等诸多方面进行介绍。编者团队耗时多年，参阅大量经、史、医书、药典、农书、文学作品等，记录了大量尚未见经传、流散于民间的诗歌、谚语、歌谣、楹联、传说故事等。丛书在文献资料整理、文化创作等方面具有高度的创新性、思想性和学术性，并具有重要的社会价值、文化价值、科学价

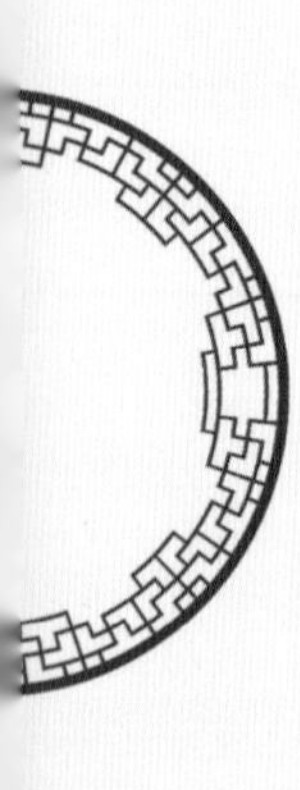

值和出版价值。

对中华传统食材的传承和创新是该丛书的重要特点。一方面，丛书对中国传统食材及文化进行了系统、全面、细致的收集、总结和宣传；另一方面，在传承的基础上，注重食材的营养、加工等方面的科学知识的宣传。相信“中华传统食材丛书”的出版发行，将对实现“健康中国”的战略目标具有重要的推动作用；为实现“大食物观”的多元化食材和扩展食物来源提供参考；同时，也必将进一步坚定中华民族的文化自信，推动社会主义文化的繁荣兴盛。

人间烟火气，最抚凡人心。开卷有益，让米面粮油、畜禽肉蛋、陆海水产、蔬菜瓜果、花卉菌藻携豆乳、茶酒醋调等中华传统食材一起来保障人民的健康！

中国工程院院士

2022年8月

# 序

植物的种子和果实含有丰富的营养物质，包括糖类、脂类和蛋白质三大主要营养素，还含有多种多酚、黄酮、皂苷等天然功能成分，以及丰富的维生素和矿物质等，是人类食物的重要来源之一，具有悠久的食用历史。我国先民在很久之前就已经开始食用各类植物的种子和果实了，并将其与我国特有的饮食习惯和文化相结合，逐渐吸纳成为我国传统食材的一部分。

本卷选取了28种在我国具有悠久食用历史的植物籽实，并对其形态特征及分布、食用药用及加工特性、传统文化内涵等进行了介绍。本卷的植物来自豆科、十字花科、蔷薇科和葫芦科等16个科，其中使君子科植物1种（诃子）、菊科植物2种（牛蒡和向日葵）、十字花科植物1种（芥菜）、葫芦科植物6种（冬瓜、西瓜、南瓜、吊瓜、丝瓜和黄瓜）、豆科植物5种（花生、黑花生、沙苑子、槐树和胡卢巴）、百合科植物1种（韭菜）、亚麻科植物1种（亚麻）、锦葵科植物1种（冬葵）、桑科植物1种（火麻）、胡麻科植物1种（白芝麻）、车前科植物1种（车前）、鼠李科植物1种（酸枣）、蔷薇科植物3种（郁李、桃树和山刺玫）、芸香科植物1种（甜橙）、山茶科植物1种（油茶）、伞形科植物1种（茴香）。以上28种植物中，既有藤本植物也有木本植物，例如西瓜、冬瓜和南瓜是典型的藤本植物，而桃树和茶树等为常见的木本植物；其食用部分既有植物种子也有植物的果实，如向日葵、花生和芝麻等植物的食用部分主要是种子，而山刺玫和甜橙等植物的食用部分主要是果实。这些种子或果实富含各类营养素和天然活性成分，大部分不仅具有食用价值，还具有药用价值，例如桃仁，既可食用，也可以与其他中药配伍，用于活血祛瘀。此外，这些种子或果实，其食用方式不限于直接食用，还可以加工成各类产品，例如花生可以直接食用，也可以制成各类炒货等休闲食品，还可以用于生产食用油、植物蛋白饮料等多种产品。此外，本书还对以上28种籽实相关的诗词、传说故事（或延伸阅读）等传统文化内涵进行了整理，帮助读者更加全面地了解这些传统食材。

本卷书稿的撰写得到多位专家同仁的关心和支持。首先感谢本套丛书总主编魏兆军教授。魏老师在食品领域耕耘多年，对食品食材具有深入的研究和思考，为本卷书稿的完成奠定了坚实基础。其次，感谢本卷全体编写人员。本卷编写人员分工明确，在文稿撰写和图片收集方面花费了大量的心血。浙江大学陆柏益教授审阅了本书，并提出宝贵的修改意见，在此表示衷心的感谢。

由于编者水平有限，疏漏之处恳请各位专家和同仁批评指正。

编　者

2022年7月

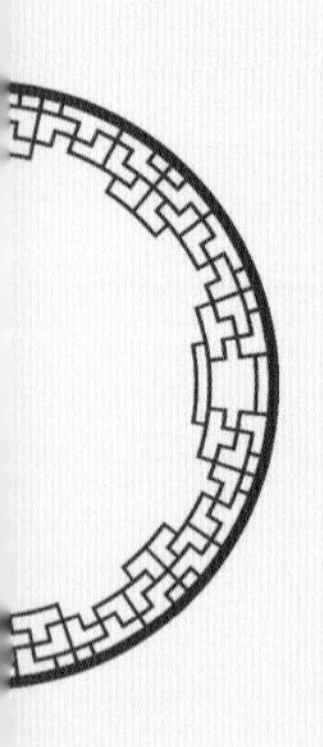

# 目录

# 诃子

千古虞翻宅，如今作梵寮。
林存诃子树，钟应海门潮。
吊客青蝇散，归魂白鹤遥。
赤乌当日事，回首飒风飙。

——《送邹石生之广州（其九）》
（清）李宗瀛

## 一、物种本源

### 拉丁文名称，种属名

诃子（*Chebulae Fructus*），又名诃黎勒、呵子、随风子等，是使君子科植物诃子（*Terminalia chebulae* Retz.）干燥成熟的果实。

### 形态特征

诃子树为大型乔木，株高可达30米，树干直径可达1米，树皮灰褐色；叶片互生，卵圆形，长7~14厘米，宽4.5~8.5厘米。花一般为穗状花序，生于树枝顶端，花序中的小花数目多，花萼淡黄色。诃子果实为坚果，一般为长圆形，长2~4厘米、直径2~2.5厘米。其果实气微，味酸涩后甜。诃子一般5月份开花，7月到9月结果。

诃子植株

### 习性，生长环境

目前常见的诃子主要分为大诃子和小诃子两种，大诃子一般用作工业原材料，小诃子一般作为药材使用。在我国，诃子主要分布在广东、广西和云南等地，其母株常见于路旁、村落附近。其中，以云南省临沧地区和德宏傣族景颇族自治州的诃子产量最多，且质量最好。

## 二、营养及成分

诃子含有多种生物活性化合物，从诃子中鉴别出的活性化合物主要有鞣质类（约占干燥果实的23%~37%）、黄酮类（芦丁和槲皮素等）、酚酸类（苯甲酸、儿茶酸等）、三萜类（阿江榄仁酸等）、挥发油等。

## 三、食材功能

**性味** 味酸、苦、涩，性平。

**归经** 归肺、大肠经。

**功能** 诃子有敛肺止咳、降火利咽等功效。用于久嗽不止，咽痛音哑、久泻久痢、脱肛、便血、崩漏带下、遗精、尿频等症。《中华人民共和国药典》（2015年版）记载："（诃子）涩肠止泻，敛肺止咳，降火利咽。用于久泻久痢，便血脱肛，肺虚喘咳，久嗽不止，咽痛音哑。"

（1）抗氧化作用

诃子的醇提取物和水提取物具有较强的抗氧化性，可以有效地清除DPPH（1，1-二苯基-2-三硝基苯肼，具有刺激性的化学物质，吸入、口服式皮肤接触有害），抑制氧化损伤。

（2）抗菌作用

诃子具有广谱性抗菌效果，对金黄色葡萄球菌和鼠伤寒杆菌等8种细菌或真菌均有抑制作用。此外，通过乙醚等提取得到的诃子提取物的抗菌性更强。

## 四、烹饪与加工

### 诃子甘草茶

（1）材料：诃子3份，甘草1份，茶叶、白糖适量。

（2）做法：诃子、甘草、茶叶共同研磨成末，沸水冲泡后加白糖调味。

诃子甘草茶

（3）用法：代茶饮。

（4）功效：清肺利咽。

### 诃子猪肺汤

（1）材料：洗净切好的猪肺1个，诃子和五味子各10克。

（2）做法：上述食材一同煮熟。

（3）用法：食猪肺、喝汤。

（4）功效：敛肺止咳。

### 诃子粥

（1）材料：诃子15克，生姜30克，粳米60克。

（2）做法：诃子、生姜加水煎煮取汤汁，与粳米煮粥。

（3）功效：涩肠止泻。

在啤酒发酵过程中添加诃子的食用乙醇提取物，可以制备诃子啤酒；诃子鲜果经漂洗、加料煮制和加糖浸渍等步骤，可以制备诃子凉果；另外，诃子经清洗、破碎、浸渍、澄清和过滤等步骤，还可以制备诃子果汁。

## 五、食用注意

（1）实热喘咳患者暂勿食用。

（2）泻痢下血患者暂勿食用。

（3）痰嗽泻痢初起患者暂勿食用。

（4）外邪未解，内有湿热积滞患者暂勿食用。

（5）体虚者不宜单独用。

## 藏药学经典著作《晶珠本草》里的诃子

很久以前，有个酒店老板的女儿叫益超玛。她不仅长得非常美丽，而且聪明善良，会酿造醇如甘露一样的米酒。她乐于帮助每一个遇到困难的人，因此得到了药王菩萨的信任，并获赐一棵诃子树。

药王菩萨告诉她："这是天下最好的药物。它的树根、树干、树枝可以驱走肉、骨、皮肤的各种疾病。它的果实可以治疗内脏的疾病。有了它，所有的疾病都将消失。请你一定要珍惜！"

为了解除百姓的病痛，益超玛决定将诃子树种在最适合药物生长的醉香山上。她精心培植，每年都将采集的树种送给四方往来的旅客，请他们带到西藏各地去种植，并告诉他们使用诃子治病的方法。从此，诃子树就广泛出现在西藏高原。各地藏医也都学会了用诃子治病，但只有品德最高尚、技术最精湛的医生才能到醉香山上获取效力最强的诃子。

藏医药学认为，诃子有全部藏药所具备的六味、八性、三化味和十七效，能治疗很多种疾病。但使用诃子也要根据不同的疾病，分别使用诃子的果尖、外层果肉、中层果肉、果尾、外皮等，并配合相应的药物。这样才能达到理想的疗效。

在藏医使用的配方中，绝大多数都使用了诃子。如著名的藏成药"常觉"就是以诃子为主药，治疗消化系统疾病的。

据说有一位到西藏考察的专家，因不习惯西藏地区的高寒气候，多年的胃病发作了，胃脘疼痛，冷汗淋漓，面色苍白。藏医给他服用"常觉"，不但当时症状消失，而且回到内地后也再没有复发过。

（注：由于诃子在藏医药学中的普遍运用，诃子已成为藏医药学的象征。在藏药学经典著作《晶珠本草》里，诃子被称为"藏药之王"。）

# 牛蒡子

篮舆破晓入山家，独木桥低小径斜。
屋角尽悬牛蒡菜，篱根多发马兰花。
主人一笑先呼酒，劝客三杯便当茶。
我已经年无此乐，为怜身久在京华。

——《山行即事》（南宋）高翥

## 一、物种本源

### 拉丁文名称，种属名

牛蒡子（*Arctii Fructus*），又名鼠粘子、大力子、毛锥子、粘苍子、万把钩等，是菊科植物牛蒡（*Arctium lappa* L.）干燥成熟的果实。

### 形态特征

牛蒡为菊科二年生草本植物，其根部粗壮且肉质，长达15厘米，直径可达2厘米；茎直立，株高可达2米；叶片大且呈宽卵形，长达30厘米，宽达20厘米；花序头状或伞房形，小花紫红色。瘦果灰褐色，长5~7毫米，宽2~3毫米，长倒卵形。种子较硬，表面有数条纵棱，内部为两片淡黄白色、富有油性的子叶，味苦后微辛而稍麻舌。牛蒡原产于中国，后被引入日本，现被誉为“东洋参”，常见于日本料理。

### 习性，生长环境

牛蒡在我国各地均有分布，多见于温暖湿润的山谷、林中等地方，东北及浙江省为其主要产地。

牛蒡子植株

## 二、营养及成分

牛蒡子是一味传统中药材，最早见于《本草图经》。现代已经从牛蒡子中分离纯化出多种化合物，主要包括48种木脂素类化合物、三萜和甾体类化合物（α-香树脂醇、β-香树脂醇等）、油脂类（68%左右的亚油酸、18%左右的油酸以及6.82%的亚麻酸等）、精油类（R-胡薄荷酮和S-胡薄荷酮等）、蛋白质以及多种维生素。每100克牛蒡子部分营养成分见下表所列。

|  |  |
|---|---|
| 碳水化合物 | 5.10克 |
| 蛋白质 | 4.70克 |
| 不溶性膳食纤维 | 2.40克 |
| 脂肪 | 0.80克 |
| 钙 | 242毫克 |
| 磷 | 61毫克 |
| 维生素C（抗坏血酸） | 25毫克 |
| 铁 | 7.60毫克 |
| 烟酸（烟酰胺） | 1.10毫克 |
| 维生素$B_2$（核黄素） | 0.29毫克 |
| 维生素$B_1$（硫胺素） | 0.02毫克 |

## 三、食材功能

**性味** 味辛、苦，性寒。

**归经** 归肺、胃经。

**功能** 牛蒡子具有疏散风热、宣肺透疹、解毒利咽等功效。用于风热感冒、咳嗽痰多、咽喉肿痛、麻疹、风疹、痄腮、丹毒、痈肿疮毒等症。

（1）抗菌抗病毒作用

牛蒡子可以显著地抑制铁锈色小芽孢癣菌等9种致病性真菌；此外，其提取物对艾滋病病毒也有一定的抑制效果。

（2）降血糖作用

牛蒡子提取物可以提高糖耐量，抑制α-葡萄糖苷酶，从而降低血液中的血糖浓度。

## 四、烹饪与加工

### 薄荷牛蒡子粥

（1）材料：牛蒡子10克，薄荷6克，粳米适量。

（2）做法：首先将牛蒡子煮15分钟，过滤取汁液备用。将粳米煮粥，10分钟后放入薄荷继续熬煮；粥快熬好时，加入已制备的牛蒡子汁，然后继续熬煮5分钟出锅即可。

（3）功效：适用于因室温过高引起的热性感冒的治疗，尤其适用于3~6岁的幼儿。

薄荷牛蒡子粥

### 牛蒡子去脂茶

（1）材料：牛蒡子12克，决明子12克，桂花5克。

（2）做法：首先将决明子和牛蒡子共同煮3分钟至沸腾，加入桂花即可。

（3）功效：有利于啤酒肚的消去。

**牛蒡子精油**

牛蒡子经干燥、粉碎，蒸馏水浸泡后，连续水蒸气蒸馏12小时，馏分经有机溶剂萃取，干燥过滤和挥发有机溶剂后，即得牛蒡子精油。

## 五、食用注意

（1）牛蒡子，性寒滑利，能滑肠通便，故脾虚腹泻患者暂勿食用。

（2）痈疽已溃、脓水清稀者暂勿食用。

## 牛蒡子的传说故事

古代，有一个旁姓老农，一家五口，二亩薄地，一头老黄牛，男耕女织也能维持一家生计。但是家中老母亲有病，症状三多及视力模糊（糖尿病）。

一天，老农耕地累了，不知不觉在一棵树下睡着了，醒来看到老黄牛在路旁吃草，于是就把牛赶来继续耕地。然而，这老牛拉起犁来比刚才轻快多了，他感觉有点跟不上趟。

第二天，老农又去耕地，休息时老牛又到路旁吃草。老农对昨日老牛吃过草后牛劲大增有些好奇，他想看看老牛吃的是啥草。

过去一看，只见那草叶大而厚，像个大象耳朵。看牛吃得起劲，他就随手拔出一棵。哪知这草的根长得吓人，形状有点像山药。老农掰开一看，里面呈白色；咬一口尝尝，微黏，带点土腥味。他不知不觉竟把这草根吃完了，就下地继续干活了。干了很久，也没有不舒服的地方，反而觉得比刚才还精神了。

于是，他拔了些带回家，让家人洗干净，切成段，再放几块萝卜一起煮，全家人当汤喝。这样一连喝了七八天，老母亲的眼睛突然明亮了，原来的三多症状也消失了，还能干点体力活了。家中其他人的精神也大有改变。小儿子原来脸色土黄、嘴唇发白，如今变得红扑扑、粉嫩嫩，活泼可爱。

全家人坐在一起议论，想给这草起个名字。老农说："老牛是吃过这种草后拉犁才有劲，而我姓旁，那在旁字上面加个草字头，就叫'牛蒡'吧！"小儿子说："老牛吃了这种草就有劲，应该叫'大力根'。"从此，这种草就被人们称为"牛蒡"，也叫作"大力根"。

# 葵花籽

特立古君子，沉吟大道旁。
江山纵高鸟，箬笠挽斜阳。
秋月为谁满，菊花空自香。
平林感摇落，怀瑾一何伤。

——《咏向日葵》 佚名

## 一、物种本源

### 拉丁文名称，种属名

葵花籽，又叫向阳花子等，是菊科植物向日葵（*Helianthus annuus* L.）干燥成熟的种子。

### 形态特征

向日葵为一年生草本植物，其植株高大，最高能达3米，茎粗壮少见分支；叶片卵圆形，互生；大型头状花序，直径10～30厘米，舌状花，花瓣黄色；向日葵的果实为瘦果，卵圆形，内有离生种仁一枚，种仁外有种皮，内有子叶两片，属于双子叶植物。向日葵一般7～9月开花，8～9月结果。葵花籽按外壳颜色分，有黑籽、白籽、花白籽。其中，黑色外壳的葵花籽和花白色外壳的葵花籽品质较好，白色外壳的葵花籽品质较差。





向日葵植株

习性，生长环境

据记载，向日葵原产于墨西哥和秘鲁，在清朝时期作为一种庭院观赏植物引入中国，后来发现其干燥成熟的种子可榨油，且炒制后有股独特的香味，深受消费者喜爱。葵花籽在我国各地均有种植，内蒙古、新疆等地出产较多。在国际上，葵花籽的产地主要分布在俄罗斯、土耳其、阿根廷、乌克兰等国家；其中，乌克兰葵瓜籽全世界销量第一。

## 二、营养及成分

葵花籽中脂质、蛋白质和碳水化合物的含量分别约为53%、19%和12%。葵花籽油中的大部分脂肪酸为不饱和脂肪酸，亚油酸就占油脂总比例的55%，是一种高品质食用油。葵花籽含有胡萝卜素以及维生素E、烟酸等多种维生素，以及钙、镁、铁、硒等矿物质及微量元素，其中每100克葵花籽仁中磷的含量可达604毫克。此外，葵花籽中还富含大量的天然活性物质，例如胆碱、甜菜碱、β谷甾醇和酚酸等。每100克葵花籽主要营养成分见下表所列。

|  |  |
| --- | --- |
| 脂肪 | 52.57克 |
| 蛋白质 | 18.89克 |
| 碳水化合物 | 11.76克 |
| 纤维素 | 10.50克 |

## 三、食材功能

**性味** 味甘，性平。

**归经** 归大肠经。

**功能** 葵花籽有补虚损、补脾益胃、止痢消肿、驱虫之效，《中国药植图鉴》记载："补脾、润肠、止痢消痈。"

（1）预防心血管疾病作用

葵花籽中含有丰富的不饱和脂肪酸、植物固醇和磷脂等，可以降低血液中胆固醇的含量，对心血管疾病具有预防作用。

（2）延缓衰老作用

葵花籽中的黄酮类化合物，可以清除体内的自由基，使体内的组织细胞保持健康年轻的状态，并延缓多种衰老症状的发作。

## 四、烹饪与加工

### 葵花籽三仁粥

（1）材料：干的葵花籽仁、核桃仁和花生仁各40克，薏米120克。

（2）做法：葵花籽仁、核桃仁和花生仁混合磨粉，薏米入锅煮至开花，倒入磨好的果仁粗末搅拌均匀，继续煮一段时间，出锅即可。

### 葵花籽酥

（1）材料：葵花籽仁、面粉、牛奶、鸡蛋，油、糖、盐适量。

（2）做法：葵花籽仁、面粉和泡打粉，与油、糖、盐、牛奶和鸡蛋

葵花籽酥

混合后揉成面团。面团揉成长条形，切成小剂子，压成小饼，刷上蛋液，放入烤箱烤熟（170℃，30分钟）即可。

### 醋泡生葵花籽仁

（1）材料：新鲜葵花籽仁，醋、糖、生抽适量。

（2）做法：葵花籽仁加入醋、糖、生抽，搅拌均匀，盖上保鲜膜放置10分钟，食用时可以放一些欧芹叶、薄荷叶、荆芥叶等调味。

### 葵花籽粕多肽茶饮料

葵花籽粕多肽酶解液经调配（添加红茶粉、蜂蜜、稳定剂等）、浸提、过滤、均质、罐装、密封、杀菌、冷却和包装，得到成品。

## 五、食用注意

（1）葵花籽不宜多吃，容易上火，还会导致味觉迟钝。

（2）肝炎患者请勿食用，食用葵花籽会破坏肝组织，导致肝硬化。

## 沉默的爱——“朝阳花”的故事

向日葵在古代又叫“朝阳花”。

传说古代有一位农夫的女儿，名叫明姑。明姑憨厚老实，长得俊俏，却被后娘“女霸王”视为眼中钉，受到百般凌辱虐待。一次，因一件小事，她顶撞了后娘一句，惹怒了后娘，后娘便用皮鞭抽打她；可后娘一失手，打到了前来劝解的亲生女儿身上。这让后娘又气又恨，夜里趁明姑熟睡之际残忍的挖掉了她的眼睛。明姑疼痛难忍，破门而逃，不久死去。后来在她的坟上开出一盘艳丽的黄花，终日面向阳光，它就是向日葵。

向日葵象征着明姑向往光明，厌恶黑暗之意，激励人们痛恨暴力、黑暗，表达了人们对光明与幸福的追求。

# 芥子

夫子声名号浙西，作成文士欲何为？
达人胸次元无翳，芥子须弥我独知。

——《投诚斋（其六）》（宋）刘过

## | 一、物种本源 |

### 拉丁文名称，种属名

芥子（*Sinapis Semen*），又称芥菜子、黄芥子等，是十字花科植物白芥（*Sinapis alba* L.）或芥[*Brassica juncea*（L.）Czern. et Coss.]干燥成熟的种子。

### 形态特征

芥也叫芥菜，为一年生草本，株高30~150厘米，茎直立，多有分支；基生叶倒卵形，顶端叶有分裂；总状花序位于分支顶端，花序上小花黄色，花瓣倒卵形，长8~10毫米，宽4~5毫米；果实为长荚果。每年3~5月开花，5~6月结果。油芥菜为芥菜的栽培变种。芥子按来源可以分为白芥子和黄芥子，前者是芥菜的白色种子，后者是油芥菜的黄色种子。白芥子的颗粒比黄芥子稍大，直径为1.5~3毫米，一般

芥子植株

为灰白色或淡黄色；其外果皮光滑且有网状纹路（大部分呈多角形），内部为两片黄白色的子叶，味辛辣，富油性。黄芥子直径1~2毫米，一般为黄色或棕黄色，少部分为红棕色，碾碎后遇水会散发出刺激性的臭味。

**习性，生长环境**

芥菜和油芥菜原产亚洲，全国各地均有种植。

## 二、营养及成分

芥子是一种传统的中药材，其中油脂含量最高，为30%~37%，主要由芥酸、花生酸、亚麻酸等构成。此外，芥子含有多种化合物，例如芥子油甙类（黑芥子甙、葡萄糖芫菁芥素、葡萄糖芸薹素等）、芥子酸、芥子碱等。

## 三、食材功能

**性味** 味辛，性温。

**归经** 归肺经。

**功能** 芥子具有通络消肿、豁痰利窍、温中散寒的功效，用于胃寒呕吐、心腹冷痛、风湿痹痛、咳喘痰多、肢体麻木等症。

（1）预防大肠癌作用

芥子预防大肠癌的机理与其增强机体免疫力相关。

（2）预防肝损伤作用

食用芥子可以预防脂肪肝，其预防效果随着芥子浓度的增加而增强。

（3）预防动脉硬化作用

芥子可以预防斑马鱼动脉粥样硬化。因此芥子可用于筛选预防或治疗动脉硬化的药物。

（4）其他功能

芥子具有抗炎镇痛和抗氧化等作用。此外，芥子对于变应性接触性皮炎也具有抑制作用。

## 四、烹饪与加工

芥子加工成芥末后主要用作调味品，具有增进食欲的作用，是我国北方及四川地区常见的辛香料及调味品，常见的搭配为饺子、烧烤和火锅等。此外，在沿海地区使用也比较广泛，是海产品食用时的常见佐料。

**芥末**

芥子脱脂后烘干、粉碎，去杂后即得芥末。

芥　末

**芥末酱**

以芥末为主要原料，以植物油、水和白糖等为配料制备的芥末乳化产品。

**芥子油**

芥子被粉碎后，加入其重量4~10倍的水，搅拌均匀后加热至40~70℃，使用水蒸气蒸馏得到芥子精油，残渣进一步用有机溶剂等萃取芥子精油，最终渣滓用于饲料加工。芥子油在食品领域具有广泛应用。

## 五、食用注意

（1）阴虚内热及肺燥干咳者，不宜食用芥末。

（2）外敷时间不能太长，因其易引起皮肤起泡化脓。

## 人生如芥子，芥子纳须弥

唐代白居易的《白氏长庆集·三教论衡·问僧》中，有这么一段问话：

“问：《维摩经·不可思议品》中云，芥子纳须弥，须弥至大至高，芥子至微至小，岂可芥子之内入得须弥山乎？”问僧的人，是唐朝江州刺史李渤。

有一次，李渤问智常禅师：“佛经上所说的‘须弥藏芥子，芥子纳须弥’，我看未免太玄妙离奇了。小小的芥子，怎么能容纳那么大的一座须弥山呢？这实在是太不懂常识了，是在骗人吧？”

智常禅师听了李渤的话后，轻轻一笑，转而反问：“人家说你‘读书破万卷’，是否真有这么回事呢？”

“当然了！当然了！我何止读书破万卷啊？”李渤显出一派得意扬扬的样子。

“那么你读过的万卷书，都保存在哪里呢？”智常禅师顺着话题问李渤。

李渤抬起手，指着自己的头说：“当然都保存在这里了。”

智常禅师说：“奇怪，我看你的头颅只有椰子那么大，怎么可能装得下万卷书呢？莫非你也在骗人？”

李渤闻言，立即恍然大悟，豁然开朗。

智常禅师说：“佛曰：‘背光而行时，你眼中只有自己。向光而走时，你看到的是整个世界。须弥纳芥子，芥子纳须弥。只看到自己的话，不过是茫茫须弥中一粒微不足道的芥子。若放眼远望，胸纳天下，心系苍生，则须弥山也不过是你眼中的一颗芥子。’”

“人生如芥子，芥子纳须弥。”禅之智慧，发人深省。

# 冬瓜子

剪剪黄花秋复春，霜皮露叶护长身，
生来笼统君莫笑，腹里能容数百人。

——《咏冬瓜》（北宋）郑安晓

## 一、物种本源

### 拉丁文名称，种属名

冬瓜子（*Benincasae Semen*）也称地芝仁，是葫芦科植物冬瓜[*Benincasa hispida*（Thunb.）]干燥成熟的种子。

### 形态特征

冬瓜为一年生草本植物，蔓生或架生，棱茎覆有长柔毛；叶片宽度在15~30厘米，肾状有开裂；雌雄花同株，单生，花冠黄色；大型果实圆柱状。冬瓜主要有两个品种：一种是大的，长圆形的，成熟时覆盖有白色粉末，因此被称为白瓜。另一种在老熟时无白粉，皮青，称作青皮冬瓜。在广州地区还有一种冬瓜的变种，叫“节瓜”，模样与口味都和冬瓜相似，但个头要小得多。冬瓜子的外皮为白色或淡黄色，根据其边缘形态不同，分为单边和双边冬瓜子两种。

冬瓜植株

**习性，生长环境**

冬瓜在我国分布范围很广，甚至在云南的西双版纳还发现有野生种，但果实较栽培种要小得多，且口感苦涩，所以一般只作药用；而栽培种目前在全国各地均有分布；节瓜主要在广东和广西等地种植。

## 二、营养及成分

冬瓜子含有多种营养成分。据测定，冬瓜子中蛋白质、脂肪、碳水化合物和膳食纤维的含量分别约为31%、32%、8%和5%。冬瓜子中含有多种B族维生素以及维生素E等多种维生素。此外，还含有锌、镁、硒等多种矿物质及微量元素。

## 三、食材功能

**性味** 味甘，性凉。

**归经** 归脾、小肠经。

**功能** 冬瓜子具有润肺化痰、清热渗湿等功效，用于痰热咳嗽、肺痈、肠痈、脚气水肿等症，还可配伍杏仁等治燥便秘。此外，生、熟冬瓜子的药用方式也有区别，生冬瓜子主要用于肺热咳嗽和肺痈等病的初期，而炒熟的冬瓜子则主要用于湿热带下等症状。

（1）护肝作用

当归和冬瓜子复配可以用于治疗乙型肝炎，缓解肝炎症状。

（2）增强免疫力作用

冬瓜子中的水溶性成分具有一定的促免疫作用。

（3）预防心血管疾病作用

冬瓜子中的不饱和脂肪酸具有促进胆固醇代谢的作用，可以降低心血管疾病的发生率。

（4）抗衰老作用

冬瓜子中的酚类物质等抗氧化成分，具有抗衰老作用。





## 四、烹饪与加工

冬瓜子既可食用，也可药用，具体如下。

### 炒冬瓜子

干冬瓜子放入锅中，炒至表面发黄微焦，取出放凉即可食用。

### 冬瓜子解暑粥

将冬瓜子磨碎加水煮开后去渣，以此水煮粥，能清热除烦。

### 薏米冬瓜子茶

冬瓜子和薏米一起炒至微黄，出锅冷却后倒入料理机，再加入陈皮，一起打成粉末；取粉末一勺，用开水冲泡饮用，具有消肿作用。

### 冬瓜子荷叶饮

冬瓜子连同瓜瓤一起洗净后，入料理机加水打碎；将打碎后的冬瓜子和瓜瓤倒入锅中，加入洗净撕碎的荷叶，煮开即得。饮用时，可加蜂蜜、白糖等调味。具有清热消暑作用。

### 冬瓜子粉

将成熟干燥的冬瓜子研磨成粉状。外用可使肌肤美白，用于容颜憔悴、面色枯黄、面色晦暗等症状的治疗，为中国传统的护肤品之一；或加入蜂蜜涂抹于脸上，可以去除老年斑。内用可以保养容颜、减轻体重。

冬瓜子粉





**冬瓜子牛奶美白乳**

将5克冬瓜子仁粉加入1杯牛奶中调匀，放入冰箱冷藏5~8分钟，涂抹于脸上，15分钟后洗净即可。可镇定消炎，白净肌肤。

**冬瓜子保健饮品**

冬瓜子可以与百合、荸荠等组合成粉末冲剂，可以与葛根、枸杞等组合成复合代用茶，冬瓜子还可以与黑木耳、芹菜等组合成减肥健体的保健制剂。

## 五、食用注意

（1）脾胃虚寒的人不宜食用，会引发腹泄和腹痛。

（2）久病初愈的人不宜食用，会使身体更加虚弱。

## 练剃冬瓜毛——学剃头的故事

江苏扬州自古三把刀出名，即“剃头刀”“厨师刀”“修脚刀”。

相传，从前扬州有一家理发店，新招了一名小徒弟，师傅天天叫小徒弟抱着冬瓜练刮毛的功夫。但每次在练的中途，当师傅叫他做打水、扫地、洗毛巾等杂事时，小徒弟就随手将剃头刀往冬瓜上一扎，等帮师傅做完事回来再抱住冬瓜继续练剃光头。

一天，小徒弟正给一人剃头，师傅临时有事，关照小徒弟边剃头边看好水桶里养的鱼。师傅刚走，突然，一只大黄猫叼起水桶里的鱼就跑，正在给和尚剃头的小徒弟急了，把剃头刀往和尚头上一扎，忙着去追猫索鱼了。和尚疼痛难忍，一气之下，将理发店砸得稀巴烂，最后还放了一把火，把理发店烧得精光。

# 西瓜子

种瓜黄台下，瓜熟子离离。
一摘使瓜好，再摘使瓜稀。
三摘犹自可，摘绝抱蔓归。

——《黄台瓜辞》
（唐）李贤

## 一、物种本源

### 拉丁文名称，种属名

西瓜子，也叫瓜子或黑瓜子，是葫芦科植物西瓜[*Citrullus lanatus*（Thunb.）Matsumu. et Nakai]干燥成熟的种子，既可食用也可药用。

### 形态特征

西瓜为一年生藤本植物，蔓生，茎粗壮有棱有卷须；叶片纸质，三角状卵形，长8～20厘米，宽5～15厘米；雌雄花同株，单生叶腋，花冠黄色；果实为大型果，圆形，果皮光滑，有些品种果皮有纹饰，果肉多为红色且多汁。种子卵形，量大，长1～1.5厘米，宽0.5～0.8厘米。

### 习性，生长环境

据明代科学家徐光启《农政全书》记载，西瓜是由西域传入我国的，所以叫“西瓜”。但是在我国河姆渡新石器时代的遗址中，曾发现淡黄色的西瓜子。因此我国是不是西瓜的原产国之一，尚有待史学家和生物学家进一步考证。西瓜在我国种植的范围很广，几乎全国均有种植。而炒货食品中的西瓜子，是由果小、皮厚、瓤味淡、种子大的“籽瓜”

西瓜植株

(也叫“打瓜”)的种子制备而成的。“籽瓜”又区别于食用西瓜，其果实酸涩，不作为鲜果供应市场。

## 二、营养及成分

西瓜子营养丰富，其多蛋白质、脂质、碳水化合物和纤维素含量分别约为29%、45%、14%和7%。西瓜子还含有维生素A、维生素E和维生素C等多种维生素。此外，西瓜子中含有磷、镁、锌、硒等多种矿物质及微量元素。西瓜子中脂肪酸大部分为不饱和脂肪酸。每100克西瓜子主要营养成分见下表所列。

|  |  |
|---|---|
| 多不饱和脂肪酸 | 28.70克 |
| 碳水化合物 | 14.20克 |
| 饱和脂肪酸 | 7.10克 |
| 单不饱和脂肪酸 | 5.30克 |
| 不溶性膳食纤维 | 4.50克 |
| 磷 | 765毫克 |
| 钾 | 612毫克 |
| 镁 | 448毫克 |
| 钠 | 188毫克 |
| 钙 | 28毫克 |
| 铁 | 8.20毫克 |
| 锌 | 6.76毫克 |
| 锰 | 1.82毫克 |
| 铜 | 1.82毫克 |
| 烟酸（烟酰胺） | 3.40毫克 |
| 维生素E | 1.23毫克 |
| 维生素$B_2$（核黄素） | 0.08毫克 |
| 维生素$B_1$（硫胺素） | 0.04毫克 |

## 三、食材功能

**性味** 味甘，性平。

**归经** 归大肠经。

**功能** 中医用于治疗久咳、吐血、动脉硬化和便秘等。《食鉴本草》记载："西瓜子，清肺止咳，润肠通便。"

（1）预防动脉硬化作用

西瓜子中不饱和脂肪酸亚油酸的含量很高，可以通过降低人体胆固醇含量，降低心血管疾病的发病率。

（2）健胃通便作用

西瓜子的含油率为40%左右，具有润滑肠胃等功能，因此可以健胃通便。适合于便秘或者食欲不振时食用，可以帮助缓解症状。

（3）缓解膀胱炎作用

西瓜子中的西瓜子醇，是一种天然皂苷，具有缓解膀胱炎的作用，可作为该疾病的治疗药物。此外，该皂苷还有一定的降压作用。

## 四、烹饪与加工

糖盐西瓜子

作为中国消费者喜欢的一种休闲零食，西瓜子具有以下几种常见烹饪方法。

**糖盐西瓜子**

（1）材料：西瓜子5千克，食盐0.3千克，糖精1克。

（2）做法：将食盐与糖精加水溶解，备用。将西瓜子放入砂锅中炒制一段时间，然后倒入配置好的食盐和糖精溶液，用文火继续煸炒，直到盐水完全蒸发，出锅即可。

### 油香瓜子

（1）材料：已经炒熟的西瓜子5千克，食盐75克，熟油50克和糖精1克。

（2）做法：将炒熟的西瓜子与食盐、熟油以及糖精混合，共同翻炒或者烘烤，等西瓜子干燥即可。

### 西瓜子酥饼

（1）材料：西瓜子、色拉油、白糖、蛋白、低筋面粉。

（2）做法：西瓜子去壳取仁，于烤箱中烤熟，放凉备用。色拉油与白糖混合均匀后加入蛋白，搅拌均匀后，加入低筋面粉混合均匀；面糊倒入模具，再撒上西瓜子仁，入烤箱150℃左右烤10分钟，取出放凉即可食用。

### 花生杏仁西瓜子露

（1）材料：西瓜子、杏仁、花生、鲜奶或奶粉、糖。

（2）做法：西瓜子、杏仁和花生去皮去壳后，于烤箱中烤熟，放凉备用。将冷却后的混合果仁加入料理机后，加鲜奶或加奶粉后加水，使总量在控制线以下；开机打浆，得到花生杏仁西瓜子露。根据个人口味条件，加入适量的糖，溶解后即可饮用。

### 西瓜子油

利用微波辅助提取的方法提取西瓜子油。当石油醚和西瓜子的料液比为1∶20，微波功率和时间分别为390瓦和15分钟时，西瓜子油的提取率可达40%。

## 五、食用注意

（1）咸瓜子不宜多吃，对肾脏有伤害。

（2）调味瓜子不宜多吃，会使津液受损，败坏胃口。

## 诸葛亮与吃瓜留子

诸葛亮不仅能种出好庄稼，而且还有一手种西瓜的好手艺。

诸葛亮种的西瓜，个大、沙甜。凡来隆中做客和路过的人都要到瓜园大饱口福。周围的老农也来向诸葛亮取经，他都毫不保留地传授：西瓜要种在沙土地上，上麻饼或香油脚子作肥料。当别人来向他要西瓜种子的时候，因为以前没有注意留瓜子，许多人只好扫兴而归。

第二年，诸葛亮种的西瓜又开园了，只见他在地头上插了个牌子，上面写道："瓜管吃好，种子留下。"来此吃瓜的人问他何故，他笑而不答。

诸葛亮把收集的西瓜子洗净、晒干，再分给附近的瓜农。不久，周围得到种子的农民都能够种出好吃的西瓜了。现在，襄阳一带有些地方还遵守着这条"吃瓜留子"的规矩。

# 南瓜子

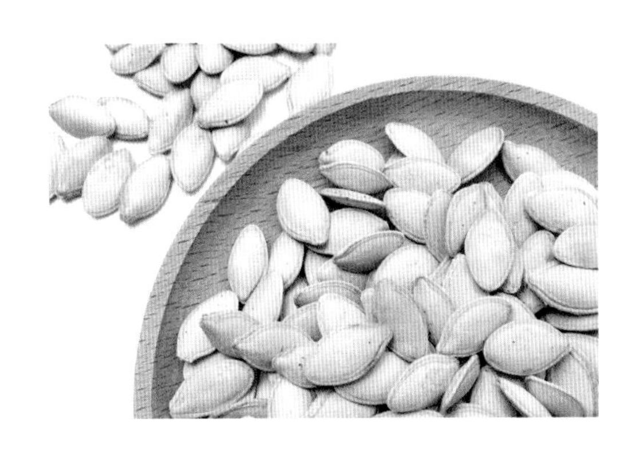

颗颗饱满粒粒香，跑进嘴里话儿长。
闲来无事嗑几颗，过把零食瘾解馋。

——《南瓜子》佚名

## 一、物种本源

### 拉丁文名称，种属名

南瓜子，又名北瓜子等，为葫芦科植物南瓜[*Cucurbita moschata*（Duchesne ex Lam.）Duchesne ex Poir.]成熟干燥的种子。

### 形态特征

南瓜为一年生蔓生草本植物，其茎粗壮且覆有刚毛；叶片卵圆形，长12~25厘米，宽20~30厘米，叶柄粗壮，长10~20厘米；雌雄花同株，单生，花冠黄色；瓠果形态多样，常见的有圆形、圆柱形、扁圆形等，瓜身有棱。种子长卵形，数量多，长10~15毫米，宽7~15毫米。

### 习性，生长环境

传统的“南瓜子”不仅仅是南瓜的种子，还可能是倭瓜、玉白瓜、葫芦瓜等的种子，但因为大部分采用南瓜的种子作为原材料，所以习惯将其一并称为“南瓜子”。南瓜子是老少咸宜的干果炒货，全国各地均有产出，浙江、云南等地出产较多。其中，云南是我国出口南瓜子的重要产地，出口的品种主要有雪白瓜子、光边瓜子和花边瓜子。

南瓜果实

## 二、营养及成分

南瓜子营养丰富。其多不饱和脂肪酸、单不饱和脂肪酸和碳水化合物的含量分别约为20%、17%和8%。南瓜子中的维生素主要有维生素E、烟酸、核黄素和视黄醇等；矿物质主要有钾、钠、钙、镁、铁、锰、锌等，其中磷的含量能最高。每100克南瓜子主要营养成分见下表所列。

|  |  |
| --- | --- |
| 多不饱和脂肪酸 | 19.80克 |
| 单不饱和脂肪酸 | 16.50克 |
| 饱和脂肪酸 | 7.90克 |
| 碳水化合物 | 7.90克 |
| 不溶性膳食纤维 | 4.10克 |
| 磷 | 1.00克 |
| 钾 | 672毫克 |
| 镁 | 376毫克 |
| 钙 | 37毫克 |
| 维生素E | 27.28毫克 |
| 钠 | 16毫克 |
| 锌 | 7.12毫克 |
| 铁 | 6.50毫克 |
| 锰 | 3.85毫克 |
| 烟酸（烟酰胺） | 3.30毫克 |
| 铜 | 1.44毫克 |
| 维生素$B_2$（核黄素） | 0.16毫克 |
| 维生素$B_1$（硫胺素） | 0.08毫克 |

## 三、食材功能

**性味** 味甘，性平。

**归经** 归胃、大肠经。

**功能** 南瓜子有驱虫、健脾和利尿等功效，能治绦虫。《验方选集》中记载：“南瓜子，炒黄、碾末，每日服60克，分二次，加白糖，开水冲服。以15日为一疗程，可治血吸虫病。”

（1）治疗前列腺疾病

南瓜子中富含锌元素等营养素，对前列腺增生患者有效。南瓜子还可以缓解良性前列腺增生患者的排尿困难等症状。

（2）防治糖尿病

南瓜子油可以降低糖尿病患者血糖等指标，具有防治糖尿病的作用。

（3）抗氧化、抗菌作用

该作用与南瓜子中的植物甾醇有关。植物甾醇是一种良好的抗氧化剂，且可以去除血液中的胆固醇。

## 四、烹饪与加工

### 南瓜子汤

（1）材料：南瓜子和薏苡仁。

（2）做法：加水煮沸。

（3）用法：每天服用。

（4）功效：具有健脾和消肿等功效。

### 南瓜子泥

（1）材料：15～18克南瓜子（生南瓜子，严禁炒熟），豆油、白糖适量。

（2）做法：捣碎，加入适量的沸水或少量豆油以及白糖（用以调味）。

（3）用法：早上晚上各一次，空腹食用。

（4）功效：可以催乳，适合产后缺乳者食用。

### 南瓜子散

（1）材料：炒熟的南瓜子60～120克。

（2）做法：研磨成粉。

（3）用法：开水送服，每日两次。

（4）功效：可以去除人体内的寄生虫，适合绦虫、蛔虫、急性血吸虫病患者食用。

### 盐焗南瓜子

以负压入味为特征工艺，经负压入味、烘烤、炒制与冷却等步骤制备盐焗南瓜子。关键工艺参数为：负压0.07MPa，分两次进行，依次为10分钟和8分钟；烘烤温度为110℃，烘烤时间为110分钟；爆炒温度为150℃，爆炒时间为6分钟。

盐焗南瓜子

### 南瓜子油

南瓜子富含大量的油脂，可以用于提取植物油，目前常用的提取方法为传统热溶剂回流法、超声辅助萃取法和水酶法等。

### 南瓜子蛋白质

以冷榨南瓜子饼粕为原料，采用碱溶酸沉法提取南瓜子蛋白质，在最优条件下（提取料液比1：12、温度50℃、时间22.5分钟），平均提取率为23.92%。

## 五、食用注意

（1）南瓜子不可多食，食用过多会引起消化不良。

（2）南瓜子脂肪含量高、热量高，高血脂人群应少食。

## 李时珍与南瓜子

相传，李时珍师徒采药来到太行山区的时家庄，发现庄上的孩子一个个面黄肌瘦，脸上有很多虫斑。李时珍便对庄主说："庄上的这些孩子一个个面黄肌瘦，骨瘦如柴，有病何以不治？"庄主叹了一口气："这穷山野洼，哪有什么药来治孩子的病啊。"这时，李时珍把目光落在院外的一只只大南瓜上，这些大南瓜，小的有十几斤，大的有几十斤。李时珍对庄主说道："药是现成的，只是未用罢了。"

"此话怎讲？老先生。"庄主问道。李时珍指着院外的南瓜说道："把这些大南瓜剖了，把瓜子掏出来洗净，连晒都不要晒，放锅里用文火慢慢炒，炒成半焦，分给孩子们吃；每人一两，别给吃饭，明天看效果。"

果然，第二天，庄上凡吃了炒南瓜子的孩子都在大便中拉出大小不同的蛔虫、绦虫等各种寄生虫。从此，人们便知道南瓜子能治各种虫疾。

# 吊瓜子

手起刀落瓜两片，吊瓜有籽簇簇现。
当年皇叔到江东，曾将此物国太献。

——《读民间故事〈东吴招亲外传〉》（清末民初）陈公碧

## 一、物种本源

### 拉丁文名称，种属名

吊瓜子（*Trichosanthis Semen*），又名栝楼籽、瓜蒌子，为葫芦科栝楼（*Trichosanthes lirilowii Maxim.*）干燥成熟的种子。

### 形态特征

吊瓜子质脆且肉满，外形跟西瓜子有些相像，大小及形状都相似，但比西瓜子更加饱满，且颜色较为灰暗一些。

### 习性，生长环境

栝楼喜暖湿气候，耐寒性较好，不耐旱，怕水涝，宜选择在拥有深厚、疏松、湿润的土壤，且又不涝的地区种植。目前，栝楼主要分布在





栝楼果实

安徽、江苏、四川、江西、浙江、福建、湖南以及湖北阳新等地。



## 二、营养及成分

吊瓜子含有丰富的营养成分，包括含量较高的蛋白质、纤维素、脂肪、微量元素和苷类、生物碱、黄酮类及有机酸类物质等。现代医药学证明，吊瓜子含有16.8%的不饱和脂肪酸和5.46%的蛋白质，并且含有三萜皂苷、17种氨基酸、多种维生素以及16种矿物质，如钙、锌、铁、硒等。

## 三、食材功能

**性味** 味甘、微苦，性寒。

**归经** 归肺、胃、大肠经。

**功能**

（1）吊瓜子具有清肺、止咳、化痰、润肠及通便等功效。

（2）吊瓜子具有抗心肌缺血、扩张冠状动脉、抑制血小板聚集、抗心律失常、改善微循环、耐缺氧等功效，对急性心肌缺血具有显著的保护作用；有抗溃疡以及泻下功效。另外，吊瓜子还具有抗菌和抗衰老等作用。

（3）吊瓜子对糖尿病具有一定的治疗作用，可辅助治疗高血压、高血脂等疾病。

（4）吊瓜子能提高机体免疫功能，还具有瘦身美容的功效。

## 四、烹饪与加工

吊瓜子可炒食，也可与黑芝麻、黑米等五谷打浆制成营养饮品，也可做饼干、糖果、面包等产品的辅料。

### 风味吊瓜子

将晒干的吊瓜子放入冷水中浸泡，浸泡后放入调味料，大火蒸煮，最后捞出沥干；去除外壳后炒制，冷却后用包装袋包装。

风味吊瓜子

### 吊瓜子油

称取一定量的吊瓜子仁，用研磨机研磨碎，可选用传统方法（浸渍或压榨）或新型方法（如超声辅助提取法、二氧化碳超临界流体萃取法）提取吊瓜子油。

### 吊瓜子保健茶

将吊瓜子清洗干净，粗破碎后磨浆处理，接着过滤，保留滤液；将葛根粉、菊花粉、金银花、罗汉果、枸杞和玫瑰花混合，加入纯净水，回流提取，冷却后过滤保留滤液；滤液连同蜂蜜、风味剂加入搅拌罐中调配，即可获得吊瓜子保健茶。

### 瓜蒌霜

将吊瓜子仁碾碎，放入60~80℃的烘箱中，烘烤10~15分钟，压榨，粉碎，即得瓜蒌霜。

## 五、食用注意

（1）吊瓜子炒食不宜多吃，易出现胀气；

（2）脾胃虚冷作泄者勿食用吊瓜子。

潮汕方言故事——灯笼和吊瓜

从前，有两个走街串巷的小贩，一个卖灯笼，一个卖吊瓜。

卖灯笼的喊一声“灯笼——”。

卖吊瓜的就接一句“吊瓜——”。

结果人家只买吊瓜，不买灯笼。卖灯笼的很是郁闷，想来想去，终于找到问题所在。他朝卖吊瓜的吼道：“别跟在我后面叫卖了。”卖吊瓜的很纳闷，说：“为什么啊？”

卖灯笼的生气地说：“我喊一声‘灯笼’，你接一句‘吊瓜’，连起来就是‘灯笼吊瓜、灯笼吊瓜’，别人乍一听，以为是‘灯笼吊衰’，多晦气啊！你说这生意还能做吗？”

# 丝瓜子

平房造荫栽丝瓜，春末青藤顺架爬。
天天早晚浇盆水，清凉遐意度盛夏。
黄叶黄蕊瓜开花，小孩手掌般般大。
瓜生花谢没分离，一棚青荫吊满瓜。

——《丝瓜》佚名

## 一、物种本源

### 拉丁文名称，种属名

丝瓜子，又名乌牛子，是葫芦科丝瓜属一年生攀援藤本植物奥丝瓜或丝瓜[*Luffa cylindrica* （L.） Roem.]干燥成熟的种子。

### 形态特征

丝瓜子厚度约2毫米，宽度约7毫米，长度约12毫米，形状为扁平的椭圆形。丝瓜子的皮呈灰黑色至黑色，种的边缘具有翅，在翅的一端有脊，其上方有一对突起，呈叉状。丝瓜种皮偏硬，将其剥开之后会看见在子叶之外有一层灰绿色膜状的内种皮包。子叶共2片，颜色为黄白色，无气味但吃起来有点苦。

### 习性，生长环境

丝瓜喜光，喜温，耐热，喜湿。丝瓜广泛栽培于温带和热带地区，我国的南方和北方各地也普遍种植，其中云南南部有野生的，但其果相对较短小。

丝瓜果实

## 二、营养及成分

丝瓜子含有丰富的营养物质，其中含有43.3%的固定油、12%的纤维、6.4%的水分，以及4.2%的碳水化合物。其中固定油中含有丰富的脂肪酸，如棕榈酸、油酸、硬脂酸、十七烷酸、亚油酸、亚麻酸以及花生四烯酸；糖类包含葡萄糖、鼠李糖、果糖、半乳糖以及水苏糖。丝瓜子还含有苏氨酸、赖氨酸、酪氨酸、组氨酸、蛋氨酸、苯丙氨酸、缬氨酸、异亮氨酸、胱氨酸、亮氨酸、天冬氨酸、精氨酸、谷氨酸、脯氨酸、丙氨酸、γ-氨基丁酸等氨基酸，以及多种核糖体失活蛋白。除此之外，还含有三萜皂甙和三萜类成分，如泻根醇酸和丝瓜甙，还含丝瓜苦味质。

## 三、食材功能

**性味** 味苦，性寒。

**归经** 归肺、胃、大肠经。

**功能**

（1）丝瓜子属于寒性药材，在和其他中药使用时可降低其他食物的热性火气，可起到清热去火的功效，适用于因内火上炎而引起的口舌干燥、口腔溃疡以及咽喉干涩等症状。

（2）丝瓜子中含有丰富的不饱和脂肪酸，约占丝瓜子总质量的43.3%，并且大多数属于亚麻酸和花生四烯酸。这种不饱和脂肪酸，在摄入之后可帮助清除血管中的低密度脂蛋白，降低血液的黏度，可预防血栓，保护心血管系统。

（3）丝瓜子中含有丰富的维生素C、亚麻酸及花生四烯酸等抗氧化物质，摄入后可以清除人体内的自由基，可减少自由基对人体细胞造成的损伤，增强人体肝脏功能，可有效地延缓衰老。

（4）丝瓜子在中药中属于利尿功效比较强的一种，主要是钾离子含量很高，而钠离子含量相对较低，且具利水除热功效，十分适合水肿、腹水的人群食用。

（5）丝瓜子入药具有明显止痛作用，特别是对人类的腰痛治疗作用明显，治疗时可以把丝瓜子入锅炒制，炒焦以后取出研成细末用开水或白酒冲服；也可以把丝瓜子细末加酒调成膏状直接外敷在疼痛的部位，止痛效果特别明显。

（6）取黑色的丝瓜子仁，在空腹的情况下慢慢嚼食，也可以把丝瓜子仁研碎以后装入胶囊中，每天服用，连用2～3天就可以治疗蛔虫病。

丝瓜子粉

## 四、烹饪与加工

丝瓜子可做药材，可外用或内服。可以直接取适量的丝瓜子加清水煎制后服用，能起到明显的止咳作用；或炒焦后研磨成粉末内服。

### 奶油丝瓜子

将丝瓜子放入盆子中，加入清水后清洗干净，用牛奶浸泡18个小时，然后用漏勺把丝瓜子捞起来倒入筛子中沥干水分，暴晒2天后，倒入含有粗河沙的锅中加温炒烫，然后加入白糖不停地翻炒。等到锅中的丝瓜子啪啪响后，将锅里的丝瓜子和粗河沙一起倒入筛子中，然后用手来回抖动筛子，将粗河沙过滤干净，等到炒熟的丝瓜子晾冷后即可食用。

### 丝瓜子泡酒

把晒干后的丝瓜子放到白酒中浸泡并密封保存，20天以后取出食用。饮用丝瓜子泡的白酒，能缓解关节疼痛，也能驱除人体内的寄生虫。

## 五、食用注意

（1）不能过量食用丝瓜子。

（2）患有脚气和虚胀的人群不宜食用丝瓜子。

（3）丝瓜子性寒，脾胃虚寒的人群及孕妇宜少食丝瓜子。

## 外公问诊记

果果是一个可爱的3岁小女孩。有一天，果果的母亲带着她来到外公家问诊。母亲跟外公说，果果或许是肠胃出现了问题，感觉吃的东西总是不吸收，而且脸总是黄黄的，体型偏瘦，担心果果会不会是得了小儿贫血或者其他的疾病。

外公仔细观察了果果几分钟，发现她总是在咬手指头或者在抠鼻孔，便问起果果近些天的饮食状况。母亲回想着说，以前果果吃饭总是吃得很香，虽然有时候在吃饭的时候会分神或贪玩，但饭量还是可以的，一般一小碗饭能吃完。但后来果果进了幼儿园上学之后，吃饭明显不如从前香了，有时候连小半碗饭都吃不完。没有食欲，吃饭对于她来说成了一件苦差事，有时候吃一口饭甚至要在嘴里嚼上几分钟才能咽下去；而且母亲发现她总是喜欢咬手指头和手指甲。听完母亲的话之后，外公便问果果是否有出现腹泻、腹痛的症状，母亲连忙点头，说果果经常会用手捂着自己的肚脐眼附近，说肚子痛。但因为果果太小，她自己也说不清楚到底是哪里不舒服，母亲就以为是常规的肠胃不舒服，给她吃了点调理肠胃的药，但是症状没有缓解。

外公听完之后说，果果的症状应该不是贫血，也不是肠胃疾病，而是患了蛔虫症。外公交代母亲回家之后去菜场购买一些新鲜的丝瓜子，把丝瓜子放在锅里炒香，然后让果果嚼着吃。丝瓜子具有驱除蛔虫的功效，吃完之后就可以消灭蛔虫，食欲也会增长的。同时外公也提醒果果母亲，蛔虫大多是由手指、鼻孔等处进入人的腹腔，果果老是爱咬手指、抠鼻子，很容易让细菌进入体内，让人患病，所以要培养果果科学卫生的生活习惯。外公强调，蛔虫症是一种会复发的疾病，预防病从口入才是防治的根本。因此，养成勤洗手、讲卫生的好习惯才能真正预防蛔虫症。

母亲回家之后按照外公交代的方法，给果果炒丝瓜子。因为丝瓜子炒得很香，味道诱人，所以果果也非常愿意吃。大约吃了1个月后，果果的蛔虫症真的有了明显的改善。现在果果一日三餐的饮食已经正常了。同时，母亲也听从外公的提议，让果果养成勤洗手、讲卫生的好习惯，杜绝蛔虫病的复发。

# 黄瓜子

白苣黄瓜上市稀，盘中顿觉有光辉。
时清闾里俱安业，殊胜周人咏采薇。

——《种菜》（南宋）陆游

## 一、物种本源

### 拉丁文名称，种属名

黄瓜子，是葫芦科黄瓜属植物黄瓜（*Cucumis satiuus* L.）干燥成熟的种子。

### 形态特征

黄瓜子的颜色为浅黄色或者白色，形状为狭长卵形或者扁梭形，长宽尺寸分别为6～12毫米、3～6毫米。黄瓜子的一端呈短尖芒，而另一端较狭平，中间微凹而且有种脐，边缘稍有棱。种皮为革质，稍厚，具有两片子叶，富含油性。

### 习性，生长环境

黄瓜喜温，不耐寒冷；喜湿，不耐涝；喜肥，不耐肥。黄瓜在我国各地均有栽培，一般夏季开花，秋季果实成熟。

黄瓜果实

## 二、营养及成分

黄瓜子含脂肪油，含量从高到低分别为58.49%的油酸、22.29%的亚油酸、6.79%的棕榈酸以及3.72%的硬脂酸。同时，黄瓜子中还含有大量的矿物质，如铁、镁、钙、钾等，对人体非常有益。

## 三、食材功能

**性味** 味甘，性凉。

**归经** 归脾、胃、大肠经。

**功能**

（1）黄瓜子具有接骨止痛、舒筋活络以及清肺润肠等作用，主要治疗跌打损伤、骨折筋伤、风湿痹痛、老年痰喘等。

（2）黄瓜子含有人体所必需的脂肪酸（如α-亚麻酸、亚油酸等）、微量元素以及甾醇类成分，其中亚油酸是胆固醇代谢的必要物质，某些甾醇类成分是维生素D的前体，吸收之后可以在人体内转化形成维生素D，对人体磷、钙的吸收和代谢起到非常重要的作用。

（3）黄瓜子对常见的腿脚抽筋、骨质疏松、关节炎、风湿病、颈椎病及脏器（肝、肺、胃、脾等）的疾病具有良好的保健和辅助治疗的功能。

## 四、烹饪与加工

黄瓜子可以炒熟后直接食用，也可以把炒熟的黄瓜子磨成粉末，用筛子筛去皮壳，食用粉末。如果把黄瓜子与芝麻或生菜籽一起食用，效果会更好。黄瓜子粉还可以直接用沸水冲调后食用，食用时可以把适量的黄瓜子粉放在碗中，加少量白糖，然后冲入沸水调成糊状，温度适宜后可直接食用。

黄瓜子粉

## 五、食用注意

服用黄瓜子粉期间忌服四环素类药物。

## 布依族黄瓜子的故事

布依族在轿子山下定居后，流传着一个神话故事。三家寨住着一位善良的老妇人，年逾花甲，大家亲切地叫她王妈。

王妈勤劳朴实，靠耕种几亩水田过活。平时，凡是家务劳动都是自己动手。亲友们可怜她孤苦，每年春种秋收，都主动来她家帮她把农活做好。亲友们每次来，她总是杀鸡磨豆腐，用自己酿制的水花酒来招待。

王妈对那些上门来求助的穷人更是有求必应，哪怕只剩下一点点粮食，她总要想方设法匀出一碗半碗来接济别人，因此三家寨的男女老少都对她十分敬重。

有一年春天，一个头挽发髻、身着白袍、脚蹬朱履、手执龙头拐杖的白胡子老人忽然来到她家，郑重地对王妈说："你孤苦伶仃，我送你一粒黄瓜子，不过我有一个要求，瓜子种下以后，不管是结出一条还是几条你都不能随便乱摘，等满100天我回来自有主张。切记！不管发生什么情况，不到期不准轻易把黄瓜摘下。"

王妈听后，非常诚恳地答应了老人的要求。待老人走后，她当即把黄瓜子种在菜园里。不久瓜秧长出来了，在她的精心护理下，瓜越长越旺，王妈心里十分高兴。说也奇怪，这棵黄瓜多不结少不结，单单只结一条。到夏末秋初，黄瓜已成金黄色，有三尺来长，光滑明亮，十分可人。她遵照老人的叮嘱日夜用心守护，当距离说定的时间还差7天的时候，她实在太累了，又怕黄瓜被人偷去。她想，只差7天了可能问题不大，于是就提前把黄瓜摘下保管好等待白胡子老人的到来。

100天到了，白胡子老人果然如期回来。三家寨的人感到惊奇，就三五成群地来到王妈家，一时站满了王妈的小庭院，大家都想看看这位神秘的老人到底对这条黄瓜如何处置。当老人听王妈说已提前7天把黄瓜摘了时，当即脸色陡变，顿足捶胸。他十分惋惜地对乡亲们说："我把黄瓜子给王妈栽种，原因是你们这里的轿子山中有金银珠宝，山前的石门就是轿门，用一把金锁锁着，结出来的黄瓜就是一把金钥匙；我准备用它打开轿门，取出里面的金银来救济这一方善良的百姓，让这里的人永远过上舒心的日子，谁知黄瓜还差7天就被摘下来了，时间不足，就打不开那把锁，也就打不开轿门。唉，看来这是天数，众生无缘啊。不过，既然下了这番功夫，好歹我也要去试试，听天由命吧！"于是他把黄瓜揣在怀里，将拐杖往地上一杵，大喝一声："起！"便脚踏五色祥云腾空朝轿子山飞去。老人把黄瓜投进石门上的锁里，一递一投，如是连续几次，终因黄瓜天数不足，轿门还是打不开。老人站在云端里对地上仰头观望的乡亲们说："众生听着，五百年后自有应验。"说罢，便飘然而去。轿子山中究竟有无珠宝至今仍是个谜。

# 花生

众壳依根地底藏，浑如污吏暗攒房。
时来那免连根拔，血汗到头终要偿。

——《落花生》（唐）郑愚

## 一、物种本源

### 拉丁文名称，种属名

花生，又名万寿果、地豆、生果、千岁子、落地松等，是豆科植物落花生（*Arachis hypogaea* L.）干燥成熟的种子。

### 形态特征

花生为一年生草本植物，其株高一般在30~80厘米，茎有棱，蝶形花的花冠呈黄色。目前，我国广泛种植的花生主要有两个品种，即大花生和小花生。大花生也叫洋花生，粒大晚熟，有直立型和匍匐型两种，先在东南沿海一带试种，之后传播到全国。小花生，壳薄粒小，早熟油多，在我国具有较长的栽培历史，也称中国小花生。

### 习性，生长环境

花生含油量高，是世界重要的油料作物。花生油淡黄清香，深受民众欢迎；此外，花生油还广泛用于纺织和印染等工业。现在一般认为花

花生植株

生原产南美洲的巴西等地。据《常熟县志》和《本经逢原》等记载，花生大约在16世纪传入我国。



## 二、营养及成分

花生仁营养丰富，含多不饱和脂肪酸24%左右、碳水化合物16%左右，以及9%左右的膳食纤维。花生富含B族维生素等10余种水溶性及脂溶性维生素；含锌、镁、硒等多种微量元素；此外，还含卵磷脂、脑磷脂及人体所必需的氨基酸。花生富含不饱和脂肪酸，其含量约占总脂肪酸的80%左右。每100克花生仁主要营养成分见下表所列。

|  |  |
| --- | --- |
| 多不饱和脂肪酸 | 24.40克 |
| 碳水化合物 | 16.10克 |
| 单不饱和脂肪酸 | 15.60克 |
| 膳食纤维 | 8.50克 |
| 饱和脂肪酸 | 6.80克 |
| 糖 | 4克 |
| 钾 | 705毫克 |
| 磷 | 376毫克 |
| 镁 | 168毫克 |
| 钙 | 92毫克 |
| 钠 | 18毫克 |
| 烟酸（烟酰胺） | 12.07毫克 |
| 维生素E | 8.33毫克 |
| 铁 | 4.60毫克 |
| 锌 | 3.27毫克 |
| 维生素$B_1$（硫胺素） | 0.64毫克 |
| 维生素$B_6$ | 0.35毫克 |
| 维生素$B_2$（核黄素） | 0.14毫克 |

## 三、食材功能

**性味** 味甘，性平。

**归经** 归脾、肺经。

**功能** 花生有止咳和开胃的作用，花生衣（种皮）有止血作用。《本草纲目》记载："花生悦脾和胃，润肠化痰，滋养补气，清咽止痒。"中医临床也用花生治疗慢性胃炎、支气管炎等消化道和呼吸道疾病。贫血或皮下出血，可用花生米（带种皮）与黑大豆一起煮吃。

（1）促进发育，提高智力

花生富含钙、磷等矿物质，可以促进骨骼生长。此外，花生中的卵磷脂和脑磷脂，具有增进大脑发育和提升大脑功能的作用。

（2）抗衰老，防早衰

花生中的白藜芦醇等酚类化合物含有抗氧化、抗衰老等活性成分，具有抗衰老等作用。

（3）防治心血管疾病

花生中的不饱和脂肪酸能促进胆固醇代谢、降低其含量，可以有效减少血栓等心血管疾病的发生率。

## 四、烹饪与加工

花生是一种常见的干果，最常见的烹饪方式是炒制，也可以加工制成花生糖和花生酥等食品。下面有几种常见的烹饪方法。

### 花生糖

将花生在烤箱中烤熟后放凉备用；将玉米淀粉在微波炉中高火加热半分钟后备用；将白糖和水倒入炒锅中开中小火融化，搅拌糖浆冒出白色气泡后转小火；加入熟花生搅拌均匀后，再加入熟淀粉，再迅速搅拌均匀；出锅后平铺烤盘晾凉，彻底晾凉后切块即可食用。



### 鱼皮花生

花生在烤箱烤熟后，放凉备用；取糯米粉、面粉、鸡蛋，和水和面，注意控制加水量，面团不能太软；面团醒发半小时，撮条后切成小剂子；剂子使用擀面杖稍微展开后，包入花生仁，再撮滚光滑，待炸；取锅加油，待油温五成热，加入面团，小火炸至金黄，捞出放凉，即可食用；成品口感香酥脆爽。

### 花生酥

干燥花生烤箱200℃烤熟，晾凉；烤熟的花生去皮碾碎备用；玉米油和白糖混匀后，再加入鸡蛋和小苏打混合均匀，最后再加入低筋粉和碎花生混合均匀。将面团分成半个鸡蛋大小的小面团，搓圆再压成饼状；朝上的一面涂上蛋液后，送入烤箱，180℃烤20分钟，取出放凉即得。

### 花生饮料

将花生与红枣等辅料按一定比例混合，经打浆、去杂、调配、消杀等工艺加工而成，具有花生的香味，且营养丰富。

花生油

### 花生油

花生含油量高，是食用油的重要来源。加工方式主要有低温压榨和热榨等工艺，制备的花生油根据香型不同，又可分为浓香型和普通型。

### 花生酱

选择无虫蛀的优质花生仁，开水热烫5分钟后，投入冷水中冷却，搓洗去除种皮；花生仁加水后经磨浆机磨碎，再与糖液、琼脂等按配方混合；用夹层锅将其浓缩至60%左右，即得花生酱；添加蜂蜡有助于提高花生酱的稳定性。

### 花生粕蛋白

提取花生粕蛋白的方法，常见的主要有酸沉法、碱溶酸沉法、膜分离技术等。花生粕蛋白的乳化性、起泡性和溶解性等性能优良，在工业生产中应用广泛。

### 花生粕多肽

以花生粕蛋白为原料，经酶解或水解，制备分量不同、功能各异的多肽类产品。通常使用微生物发酵的方式进行花生粕多肽的生产。目前从制备的粗肽中分离了多种具有不同功能的花生粕多肽，例如花生粕抗氧化肽、花生粕抑菌肽等。

## 五、食用注意

(1) 发霉及发芽的花生不能食用。其中含有的黄曲霉素，具有致癌作用。

(2) 脾胃虚弱的人不能食用。花生具有通便功能，会加重病情。

(3) 不宜生食。花生可能被土中微生物污染，生吃易感染细菌。

(4) 食用时应细嚼，有利于消化吸收。

(5) 消化不良、高血脂及痛风的人应少食或不食，花生的高油脂、嘌呤等会加重病情。

## 金童玉女与花生

相传，天上的赤脚大仙，从前并不赤脚。

一日，金童、玉女推开南天门朝凡间一看，人间车水马龙，灯红酒绿，歌舞升平；于是凡心大动，拖住舅舅护宝天尊，要求其带他们二人下凡看男耕女织。护宝天尊无计可施，只好带着他们偷偷下凡。甥舅三个私自下凡，被值日天官察觉，便奏明灵霄宝殿玉皇大帝。玉皇大帝闻言大怒，命托塔天王李靖父子四人前去捉拿他们。

护宝天尊见事已如此，不想伤害金童玉女，忙将脚上的两只鞋子脱下，叫金童与玉女缩身躲进鞋中，然后将两只鞋一合，埋在沙土之中，顺手扯了一根藤蔓插作标记。护宝天尊因私自下凡，触犯天条，由护宝天尊降为大仙，并罚永远不准穿鞋，从此，得名为赤脚大仙。而护宝天尊的一双鞋子和鞋中的金童、玉女却永留人间，成为地上长藤蔓、地下结果实的落花生，至今还保留着当年的模样。当人们掰开花生时，两只鞋的模样还在，金童与玉女还躲在里面呢！

# 黑花生

麻屋尚未拆，陈设依旧式。
排入黑五谷，皮肤非洲黑。

——《黑花生》 佚名

## 一、物种本源

### 拉丁文名称，种属名

黑花生（*Aeachis hypogaea* Linn.）为豆科植物彩色落花生（*Arachis hypogaea* L.）干燥成熟的种子，因种皮（衣）为黑色得名，也叫富硒黑花生。

### 形态特征

黑花生属于早熟品种，可以春季播种，也可夏季播种。黑花生植株高度一般在40厘米左右，具有很强的抗倒伏能力，亩产为450～500千克。

### 习性，生长环境

河北、山东和天津等地黑花生种植面积较大，是其主要产地；此外，全国其他地区也有种植，但种植面积较小。与常见的红皮花生相比，黑花生具有抗病性好、产量高和营养价值丰富等优点。国内的“黑珍珠”等品种，主要是由中国农科院通过杂交技术选育的；其他的黑花生品种还有“豫花黑1号”和“赣花9号”等。

黑花生植株

## 二、营养及成分

除蛋白质、脂肪、碳水化合物、膳食纤维等常规成分外，黑花生还含有钙、钾、铜、锌、铁、硒、锰、维生素$B_1$、维生素$B_2$等多种矿物质和维生素，以及19种氨基酸。黑花生营养成分含量通常高于普通花生。其中，粗蛋白含量比普通花生高6%左右，精氨酸含量比普通花生高25%左右，钾含量比普通花生高20%左右，锌含量比普通花生高50%左右，特别是微量元素硒，比普通花生高出1倍。黑花生不但营养丰富，而且口感很好。每100克黑花生部分营养成分见下表所列。

|  |  |
| --- | --- |
| 谷氨酸 | 5.55克 |
| 天门冬氨酸 | 3.28克 |
| 精氨酸 | 3.16克 |
| 苯丙氨酸 | 1.61克 |
| 甘氨酸 | 1.50克 |
| 酪氨酸 | 1.32克 |
| 脯氨酸 | 1.25克 |
| 缬氨酸 | 1.05克 |
| 丙氨酸 | 1.03克 |
| 赖氨酸 | 930毫克 |

## 三、食材功能

**性味** 味甘，性平。

**归经** 归脾、肺、肾经。

**功能** 黑花生可益精补肾、活血生津、润脾补气，用于肾虚消渴、不孕不育、耳聋、盗汗自汗等症，还可治血虚、目暗、下血、水肿、脚气、黄疸、浮肿、风痹、痉挛、胃痛、疮毒肿痛等症。

（1）促进脑部发育和功能发挥

黑花生中谷氨酸含量约占5%，该比例比我们熟知的黑大豆和黑玉米都高。此外，黑花生中的天门冬氨酸含量也很高，约占3%左右，该比例仅次于黑大豆。谷氨酸和天门冬氨酸是大脑发育和学习、记忆等功能发挥的重要物质基础。因此，黑花生具有一定的补脑作用。

（2）美容养颜，预防心血管疾病

黑花生含有丰富的花青素类物质，是一种强的抗氧化剂。花青素能够清除体内自由基，保护胶原蛋白不被破坏，具有美容和抗衰老功效。此外，体内自由基被清除后，可以有效降低血小板凝结，降低心血管疾病的发生率。

## 四、烹饪与加工

### 椒盐黑花生

将干燥的黑花生米放入加有少量油的锅中翻炒，出锅前撒入椒盐，翻炒均匀即可装盘，放凉后即可食用。

椒盐黑花生

### 黑花生炖凤爪

鸡爪剪去指甲，洗净后放入冷水中，大火烧开后，捞出备用；取砂锅一只，加入处理后的鸡爪和洗净的黑花生，然后加入八角、干辣椒、生抽、老抽、糖和盐等，加水淹没后大火烧开，小火炖煮1小时，稍放凉，即可食用。

### 咸马鲛鱼煮黑花生

咸马鲛鱼切段，加清水浸泡1小时左右；捞出控水，在油锅中煎至两面金黄，关火片刻加水和洗净的黑花生，注意轻轻翻动，让花生处在鱼块下方；依次加入生抽、老抽、糖、料酒和葱姜蒜等，小火煮15分钟左右，然后大火收汁，即得。

### 黑花生饮料

黑花生经制浆、均质、配兑、定容和消杀等工序制备的黑花生饮料，颜色呈淡黑色，具有营养丰富、沉淀少和口感佳的特点，深受消费者欢迎。

### 黑花生糕

黑花生粉碎后，按木糖醇：黑花生粉：糯米粉为14：26：30的比例混合后加入水和面，蒸煮5分钟即得。按此方法制备的黑花生糕的口感好、品质优良、适合大规模生产。

### 黑花生发酵乳

黑花生浸泡、磨浆得到黑花生浆；将原料乳预热后，加入黑花生浆、乳清蛋白粉、甜味物质、稳定剂混合，均质、杀菌、冷却后得到混合料液；向混合料液中添加发酵剂发酵，得到混合发酵液；将混合发酵液冷却、杀菌、灌装。制得的常温富硒黑花生双蛋白风味发酵乳，具有良好的稳定性及优良的口感和风味，在保质期内组织状态稳定，无乳清析出。





## 五、食用注意

（1）体质寒及肠胃不好的人不宜食黑花生，会加重症状。

（2）跌打损伤者不宜食用，黑花生中的促凝血因子会使瘀肿加重。

（3）切除胆囊的人，不宜多食黑花生，因其不易消化。

（4）黑花生油脂含量高，高血脂患者宜少食黑花生。

## 花生的坚强品格

有一个牧羊人，本来以牧羊为生。一天，他看大海十分平静，于是就决定做航海生意。他卖掉了自己所有的羊，买了一船枣子。谁料运输途中遭遇风浪，枣子全部落入海中，只有自己侥幸保住了性命。

后来，有个朋友又邀他一起出海，他摇摇头说：“我这辈子再也不出海了。”朋友朝他笑笑，递给他一颗花生：“用力捏捏它。”牧羊人疑惑地接过花生，用力一捏，花生壳碎了，只留下花生仁。“再搓搓它。”朋友说。牧羊人又照着做了，红色的皮被搓掉了，只留下白白的果实。“要用手捏它。”朋友继续说。牧羊人用力捏着，却怎么也没办法把它毁坏。“再用手搓搓看。”朋友说。当然，什么也搓不下来。

朋友微笑地看着他：“虽然屡遭挫折，却有一颗坚强的百折不挠的心，一颗花生尚且如此，你只遭遇一次打击，就放弃了吗？百折不挠、愈挫愈战，你才会离成功越来越近。天下没有那么多风平浪静、一帆风顺的事情去给你做，只有拥有一颗百折不挠、勇于进取的恒心，你才会取得成功。”

# 沙苑子

菜根磊磊红萝卜，草子崭崭白蒺藜。
东蓟直通齐化外，南城更在顺承西。

——《秋日燕城杂赋五首（其二）》（明）刘崧

## 一、物种本源

### 拉丁文名称，种属名

沙苑子（*Astragali Complanati Semen*），又名潼关蒺藜、沙苑蒺藜、夏黄草、大沙苑等，是豆科植物扁茎黄芪（*Astragalus complanatus* R. Br.）干燥成熟的种子。

### 形态特征

扁茎黄芪，也叫背扁黄耆，是黄耆属的植物，圆柱状主根长度可达1米。株高30～100厘米，茎平卧有分支；羽状复叶，小叶数量多，最多可达25枚，小叶椭圆形，长5～18毫米，宽3～7毫米；花为总状花序，每个花序上小花3～7朵，蝶形花的花冠呈白色。果实为长圆形荚果，种子长2～2.5毫米、宽1.5～2毫米、厚1毫米左右，为绿褐色或灰褐色的肾性果实。外果皮较硬，内部有两片黄色的子叶。

沙苑子植株

### 习性，生长环境

沙苑子气微，嚼之有豆腥味，味淡以饱满、色绿褐者为佳。一般每年的7～9月开花，8～10月结果。沙苑子多分布于中国北方，其中陕西潼关的沙苑子质量最好、最有名，被誉为“潼蒺藜”。

## 二、营养及成分

沙苑子一般作为药材，其所含有的已知成分包括：黄酮类成分（沙苑子杨梅苷、山柰酚、沙苑子苷、紫云英苷和沙苑子新苷等），植物油（棕榈酸、亚油酸和油酸等），齐墩果烯型三萜苷类成分（大豆皂苷甲酯和黄芪苷Ⅷ甲酯等）以及其他生物活性化合物。



## 三、食材功能

**性味** 味甘，性温。

**归经** 归肝、肾经。

**功能** 沙苑子具补肾固精，益精明目功效，用于肾虚腰痛、目暗昏花、遗精早泄、遗尿、尿频等症。《中华人民共和国药典》（2015年版）记载："（沙苑子）补肾助阳，固精缩尿，养肝明目。"

（1）降脂作用

沙苑子可以使胆固醇、甘油三酯等含量下降，因此具有降脂功能。这可能与其含有的总黄酮以及三萜苷类化合物有关。

（2）降血糖作用

沙苑子提取物可以使血糖浓度下降，可以作为治疗糖尿病的一种药物。

（3）改善血液流变学作用

沙苑子总黄酮可以降低血液中的全血还原度和全血比黏度，并能抑制血小板聚集。

## 四、烹饪与加工

### 沙苑粥

沙苑子与水同煮，煮沸后取水煮粥，熬至米烂汤稠，放凉片刻即可食用，具有补肾益脾等功效。

### 沙苑子白菊花茶

（1）材料：沙苑子3份，白菊1份，加水10份。

(2) 做法：煮开放凉即可饮用。

(3) 用法：代茶饮用。

(4) 功效：具有补肝肾和降血脂等功效。

沙苑子白菊花茶

### 沙苑子炖鸡

将母鸡（1千克左右）洗净切块，与纱布包好的沙苑子（100克左右）一同放入砂锅，加入姜片和盐后，加适量清水，大火煮开，再用小火炖煮1小时左右，即可食用。

### 炒沙苑子

沙苑子50克，加入20毫升盐水（含2%盐）、黄酒或米醋至密闭容器内，闷润2小时，置炒锅中，锅底温度120~130℃，炒制60秒，放凉，粉碎，过60目筛，备用。

### 烘沙苑子

将上述闷润2小时后的沙苑子置于烘箱内烘干，温度为60℃，4小时后取出，放凉。粉碎，过60目筛，备用。

### 蒸-烘沙苑子

将上述闷润2小时后的沙苑子取出，置于蒸锅中，圆气后蒸60分钟取出，置于烘箱内烘干，温度为60℃，4小时后取出，放凉，粉碎，过60目筛，备用。

## 五、食用注意

(1) 阳盛阴衰腰痛尿频者，忌服。

(2) 阳道数举，交媾精不得出者勿服。

## 沙苑子的传说

沙苑子入药首见于宋代《本草图经》。宋代寇宗奭所著《本草衍义》有："出同州（今大荔县）沙苑牧马处，子如羊内肾，大如黍粒，补肾药。"

汉朝王莽（前45—23）篡权后，汉室后裔刘秀（前6—57）只身逃往城外，以图复兴汉室。王莽得知后追之。刘秀心慌意乱，肝火上扰，头晕目眩而倒在尉氏县白鹿岗上。正危急时，一白鹿衔草（沙苑子）口嚼汁液滴入刘秀口中，使刘秀得救。

唐玄宗之女永乐公主，自幼多病，15岁时因安史之乱逃出宫，与贴身奶娘一起流落到沙苑一带而被人收养。沙苑地区以沙苑子为茶。永乐公主常服不辍，两三年后不仅病患全无，且容貌昳丽、肤如凝脂。

安史之乱平息后，永乐公主回到宫中，向唐肃宗（711—762）进献沙苑子。肃宗服用后也变得耳聪目明。为此，肃宗下令沙苑一带广种沙苑子，并将其作为宫廷养生保健的贡品。沙苑子也被历代民众当作强身健体、美容保健的要品。

《神农本草经》称："久服长肌肉，明目轻身。"

《本草纲目》云："久服长肌肉、明目、轻身，可食，磨粉做饼蒸食以度饥荒。"唐代柳宗元赞曰："古道饶蒺藜，萦回古城曲。"

《古今医案按》记载："白蒺藜一名旱草，能通人身真阳，解心经火郁。炒香为末，每服三钱，治疗心情郁结之阳痿甚效。"

《慎斋遗书》记载"：一人有二十七八岁，奇贫鳏居，郁郁不乐，遂成痿症，终年不举。温补之药不绝，而病日甚。火升于头，不可俯，清之降之皆无效，服建中汤稍安。一日读本草，见蒺藜一名旱草，得气而生，能通人身真阳，解心经之火郁。因用斤余，炒香去刺为末，五日效，月余诸症皆愈。”

《神仙密旨》云：“蒺藜子一石，七、八月熟时收取，日干，去刺，杵为末，每服二钱，日三服，勿令中绝，断谷长生。服之一年以后冬不寒，夏不热；二年，老者复少，发白复黑，齿落更生；服之三年后，身轻长生。”

现代医学研究发现，沙苑子是很有前途的强身健体抗衰的药品。

# 槐角

汉家宫殿荫长槐，嫩色葱葱不染埃。
天仗龙旗穿影去，钩陈豹尾拂枝来。
青虫挂后蜂衔子，素月生时桂并栽。
我意方向杜工部，冷淘唯喜叶新开。

——《和范景仁王景彝殿中杂题三十八首并次韵·宫槐》
（北宋）梅尧臣

## 一、物种本源

### 拉丁文名称，种属名

槐角（*Sophorae Fructus*），又名槐实、槐子、槐荚、槐豆等，是豆科植物槐（*Sophora japonica* L.）干燥成熟的果实。

### 形态特征

槐树为高大乔木，株高可达25米。槐树叶长度可达25厘米，羽状复叶，小叶4~7对，小叶卵圆形，长2.5~6厘米，宽1.5~3厘米。槐树花为圆锥形花序，生于树枝顶端，蝶形小花白色或淡黄色。槐树的果实称为槐角，是黄绿色念珠状荚果，长1~6厘米、直径0.6~1厘米，与花一样，可以入药。槐角内有肾形种子1~6粒，棕黑色，表面光滑，味苦且嚼之有豆腥气。



槐树果实

习性，生长环境

槐树是我国的原产树种，全国均有分布，通常种在原野山坡，在黄土高原等地较为常见。江苏、河北、山东和辽宁等地是槐角的主要产地。

## 二、营养及成分

槐角是一味中药材，最早见于《神农百草经》。现代已经从槐角中分离纯化并鉴别出多种化合物，主要有三萜苷类（大豆皂苷等）、生物碱、多糖、磷脂等化合物以及黄酮类化合物（山柰酚、槐属黄酮苷、槲皮素、芦丁等）。

## 三、食材功能

性味　味苦，性寒。

归经　归肝、大肠经。

干槐角

**功能** 中医认为，槐角有清热泻火、败毒抗癌、凉血止血和止痛消肿等功效。适用于癌瘤积毒、睾丸肿痛、痔疮出血等。《神农本草经》记载："（槐角）主五内邪气热，止涎唾，补绝伤，五痔，火疮，妇人乳瘕，子脏急痛。"

（1）杀菌、抗病毒作用

槐角可以抑制大肠埃希菌和葡萄球菌的生长。此外，槐角中的芸香苷对水疱性口炎病毒具有显著的抑制作用。

（2）预防心血管疾病

槐角中所含有的黄酮类化合物可以显著降低血液中的胆固醇含量；所含有的芸香苷可以改善血管，增加血管强度，降低其脆性和通透性等作用。

（3）其他作用

槐角提取液可以增强心肌收缩力。此外，还可以提高血糖。

## 四、烹饪与加工

**乌龙槐角茶**

（1）材料：乌龙茶、槐角、山楂、首乌和冬瓜。

（2）做法：槐角、山楂、首乌和冬瓜一起加水煎煮，去渣取药液泡制乌龙茶，浸泡到乌龙茶出汁。

（3）用法：饮用。

（4）功效：每天一次，具有减肥效果。

**槐角黄芩汤**

（1）材料：槐角和黄芩各9克。

（2）做法：一同加清水煎煮，去渣取汁。

（3）用法：服用。

（4）功效：对头部胀痛、烦躁口苦等症有效。

## 五、食用注意

（1）脾胃虚寒者暂勿食用。

（2）食少便溏者暂勿食用。

（3）孕妇慎服。

## 《晏子春秋》里的槐

《晏子春秋》记载了一段耐人寻味的史实：

齐景公（？—前490）很喜欢槐树，特命官员守护。守槐者秉承君主之意，制定了“犯槐者刑，伤槐者死”的规定。

一次，有个人因醉酒破坏了槐树，官府要处以刑罚。这个人的女儿去找时任宰相晏子（？—前500），讲述了自己的看法：“君不为禽兽伤人民，不为草木伤禽兽。现在君因为树木的缘故治罪于我的父亲，恐怕邻国会说君亲爱树而轻贱人啊。”

晏子将这个情况向齐景公做了汇报。景公颇受触动，于是下令“罢去守槐之役，废除伤槐之法，放出触犯槐树的囚徒”。

# 葫芦巴

吃货顺时是行家，正人君子不偷花。
无雨若还夏过半，和师晒作葫芦巴。

——《德·行》（唐）释家真人

## 一、物种本源

### 拉丁文名称，种属名

葫芦巴（*Trigonellae Semen*），又名苦豆、胡巴、季豆，为豆科植物胡卢巴（*Trigonella foenum-graecum* L.）干燥成熟的种子。

### 形态特征

胡卢巴为豆科一年生草本植物，植株高度30~80厘米，茎圆柱形，直立多分支。羽状复叶，小叶倒卵形，长15~40毫米，宽4~15毫米。花腋生，花冠淡黄色。果实为荚果，圆筒状，长度7~12厘米，内有种子10~20粒。葫芦巴矩为形或斜方形，长约4毫米，宽约3毫米，厚约2毫米，黄棕色或黄绿色，表面平滑，两侧有条状深凹。



葫芦巴植株

习性，生长环境

葫芦巴质地较硬，气香，味微苦。史料记载，胡卢巴起源于地中海地区，现在河南、四川、安徽等地得到广泛栽培。种子一般用于酸辣酱和咖喱的调味。

## 二、营养及成分

葫芦巴，属于药食同源的植物种子。目前，从葫芦巴中分离纯化的营养成分有薯蓣皂苷元（占0.1%～0.9%）、黄酮类化合物（芦丁、槲皮素、牡荆素等）、生物碱（葫芦巴碱、番木瓜碱、龙胆碱等）、萜类（大豆皂苷Ⅰ、白桦脂醇等）以及植物油（约占7%）等化合物。

## 三、食材功能

性味　味苦，性温。

归经　归肾经。

功能　葫芦巴有温肾阳、逐寒湿的作用。主治寒疝，腹胁胀满，寒湿脚气，肾虚腰痛，阳痿遗精，腹泻等症。《国药的药理学》记载：“（葫芦巴）为滋养强精药，用于阴痿、遗精及早泄。”

（1）抗生育和抗雄激素作用

葫芦巴能降低精子的生成量及其活性，呈现抗生育和抗雄激素两种作用。

（2）降血糖

葫芦巴中含有的香豆素、烟碱辅助剂和三角蛋白等，具有一定的降血糖效果，可以作为高血糖患者的日常饮食辅料之一。

（3）其他作用

葫芦巴提取物可以促进毛发生长，还有轻度驱肠线虫作用等。

葫芦巴粉

## 四、烹饪与加工

葫芦巴主要是药用，但因为其具有特殊香气，因此日常生活中也少量用于食品加工。例如，在我国北方，人们制作馒头等面食时会添加少量葫芦巴粉末到面中，做出来的面食具有特殊香味，深受人们的喜爱。

### 葫芦巴油

使用超声辅助提取的方法，可以制备葫芦巴油。研究发现，液料比为12.5∶1（毫克/克），超声的功率、温度和时间分别为180瓦、65℃和100分钟时，葫芦巴油脂提取率可达7.82%。

### 葫芦巴保湿水

最佳配方：甘油含量6%，1，3-丙二醇含量2.5%，山梨醇含量2%，PEG-400（聚乙二醇-400）含量5%，吡咯烷酮羧酸钠含量0.5%，葫芦巴多糖溶液含量10%，葡萄酒含量1.5%，尼泊金甲酯含量0.05%，尼泊金丙酯含量0.15，去离子水含量72.3%。

**葫芦巴保湿霜**

最佳配方：MSG（单硬脂酸甘油酯）含量1.5%，鲸蜡醇含量2%，甘油含量7%，聚二甲基硅氧烷含量1%，葫芦巴多糖溶液含量15%，T-80含量2%，黄原胶含量4%，1，3-丙二醇含量2%，山梨醇含量4%，PEG-400含量4%，PCA钠（吡咯烷酮羧酸钠）含量3%，GTCC（辛酸/癸酸甘油酯）含量1%，尼泊金甲酯含量0.05%，尼泊金丙酯含量0.15%，去离子水含量53.3%。

## 五、食用注意

（1）阴虚火旺者暂勿食用。

（2）湿热者暂勿食用。

## 葫芦巴治脐下冷痛的故事

有一个病人，冬天吃了一次冰冻西瓜，老觉得肚脐下面有团冷气在那里，不时刺痛难忍，坐卧不安，只好去看医生。

医生对他说："反季节的瓜果都是欠健康的。中医认为非其时而有其气，是为邪气。不是大自然应急顺产的东西，都应该少吃。《黄帝阴符经》上讲：'食其时，百骸理。'你吃这顺应季节的瓜果蔬菜，人体百脉才会调顺，身心才会安稳。

"现在我给你开一味药，用葫芦巴炒后打粉来服用。不过，葫芦巴行气活血的力量不够，还可以用小茴香炒后，泡在热酒里。等泡出味道来后，用这热酒来调服葫芦巴散。因为茴香热酒可以行气活血，配合葫芦巴温阳散寒。这样，气血通，寒湿散，脐下攻刺痛自然就会消失。"

这位病人回家后，只吃了一次药就好了，从此再也不敢在冬天吃冰冻西瓜、喝冰冻饮料了。

# 韭菜子

韭菜花开心一枝，花正黄时叶正肥。
愿郎摘花连叶摘，到死心头不肯离。

——《台湾竹枝词》（节选）
（清末民初）梁启超

## 一、物种本源

### 拉丁文名称，种属名

韭菜子（*Allii Tuberosi Semen*），又名起阳草子、草钟乳、韭子、韭菜仁、扁菜子等，是百合科植物韭菜（*Allium tuberosum* Rottl. ex Spreng.）干燥成熟的种子。

### 形态特征

韭菜是一种常见的蔬菜，叶片扁平条状，边缘光滑；伞形花序生于花葶顶端，花葶圆柱状，长25~60厘米，具纵棱。花序中的小花呈白色。韭菜子长3~4毫米、宽2~3毫米，为黑色的类三角状扁圆形或扁卵圆形，一面平或微凹，一面稍隆起，质地坚硬，嚼之有韭菜味。

### 习性，生长环境

韭菜子母株韭菜原产于亚洲东南部。因其生命力顽强，既耐寒也耐热，且富有营养，现在中国各地均有种植，主产于河北、江苏、安徽等地。

韭菜植株

## 二、营养及成分

韭菜子营养丰富。此外，韭菜子还含有较多的烟酸、维生素$B_1$、维生素$B_2$以及铁、钙、锌等微量元素。每100克韭菜子部分营养成分见下表所列。

| 膳食纤维 | 18.20克 |
| --- | --- |
| 脂肪 | 15.80克 |
| 粗蛋白 | 12.30克 |



## 三、食材功能

**性味** 味辛、甘，性温。

**归经** 归肝、肾经。

**功能** 韭菜子具有温补肝肾和壮阳固精的功效，用于阳痿、遗精、遗尿、腰膝酸软、小腹冷痛、白带过多等症。《本草纲目》记载：“（韭菜子）补肝及命门，治小便频数，遗尿，女人白淫、白带。”

（1）改善性功能的作用

韭菜子提取物有温肾助阳的作用，并有增强机体耐寒、耐疲劳和自主活动功能的作用。

（2）抗氧化作用

韭菜子黄酮可以有效清除体内自由基。

（3）延缓衰老的作用

韭菜子水煎剂可以提高体内SOD（超氧化物歧化酶）活性，有延缓衰老的作用。

## 四、烹饪与加工

**韭菜子蒸猪肚**

（1）材料：韭菜子，猪肚。

（2）做法：韭菜子用纱袋装好，放入洗净的猪肚内，隔水蒸熟。

（3）功效：可以治慢性胃炎。

### 韭菜子粥

（1）材料：韭菜子适量，大米。

（2）做法：研磨成末与大米共煮成粥。

（3）功效：具有防治乳腺癌的作用。

亦可辅以山药或枸杞一同煮粥，称为韭菜子山药粥或韭菜子枸杞粥。

### 韭菜子酒

（1）做法：将韭菜子放入高度白酒中泡制一星期。

（2）用法：饭后饮用。

（3）功效：每日一小酒杯，具有暖胃健脾的功效。

韭菜子酒

### 韭菜子油

韭菜子油的常见提取方法有压榨法、超临界$CO_2$萃取等。运用超临界$CO_2$萃取技术从韭菜子中萃取韭菜子油，当韭菜子粉碎粒度为50~60目，萃取的压力、温度和时间依次为22～25MPa、45℃和2.5小时，韭菜子油提取率可达17%。

### 韭菜子蛋白

目前提取韭菜子蛋白的方法主要有酶解法。该方法工艺相对简单，酶解后经过离心、盐析、沉淀、透析和冷冻干燥等步骤得到韭菜子蛋白。

## 五、食用注意

阴虚火旺、疼痛呕吐者均禁服。

## 韭菜子的故事

传说早年间，天秀山里有一户柴姓人家。这柴家夫妇只有一个独子，叫柴常贵。柴常贵为人善良仁义，懂礼数，知礼节，老实忠厚。可他在18岁时得了重病，因医治不彻底，留下了疲乏无力、精神萎靡、腰膝酸软的毛病。在他20岁时，山外来媒人给他提亲，他自觉阳痿不举，只得拒绝婚事，苦恼万分。其父母更是愁眉不展，愁白了头发。平时，柴常贵干不了重活，只能给山外富贵人家放羊，捡一些轻的活干。

这年初春，山外又来媒人给柴常贵提亲。女方是天秀山脚下一户潘姓人家的姑娘。那姑娘不但长得如花似玉，而且贤惠仁孝。潘家老两口只有这么一个独生女儿，就想招个老实可靠的女婿入赘。可柴家面对媒人有苦难言，只得连连摇头，一脸愁容，唉声叹气！媒人一问究竟，柴家夫妇一脸尴尬，只好说了实情。媒人无奈离去。

春末的一天，柴常贵上山放羊时，一只母羊在山路上生下了羊羔。他把小羊羔装在背篓里，心想，羊都能交配下羔崽，我这个大男人可真是活瞎了啊。

由于他心情郁闷，不知不觉中把羊放入了天秀山峡谷深处。突然一条沟壑出现在他的眼前，沟壑里一片油亮亮的绿色在山风的吹拂下，轻轻地泛着涟漪。

一位隐居山中的老者正背对着他在沟壑边休憩、观望。就在柴常贵惊诧之时，老者转身用手指向沟壑里那片油绿，和善地对他说："孩子，这片油绿是'韭菜畦子'，是天然积水滋润生长的山韭菜啊，食用它可补肾壮阳。"说完话，老者便下"韭菜畦子"割了一捆送与柴常贵。

自那以后，柴常贵每次来这里放羊都会割一捆山韭菜带回家食用。渐渐地，他觉得精力充沛起来了，很快便娶了妻生了子。

后来，村里人知道缘由后，还编了一段顺口溜：“天秀山遍地都是宝，沟壑里长满壮阳草，柴家独子病治好，儿孙满堂乐陶陶。”

据说，从那时起，这户柴姓家族慢慢地开始人丁兴旺，逐渐发展壮大起来，成为一方望族。后来，人们就把柴姓家族居住的这个地方，叫作柴家营子，就是现在天秀山里那个叫柴家营子的小村庄。

# 亚麻子

亚麻子是朴素的果子；
苦，涩；
安静地，立在土里。

——《亚麻子》
佚名

## 一、物种本源

### 拉丁文名称，种属名

亚麻子（*Lini Semen*），也叫胡麻子、亚麻仁等，为亚麻科植物亚麻（*Linum usitatissimum* L.）干燥成熟的种子。

### 形态特征

亚麻为一年生草本植物，株高30~120厘米，茎直立，基部木质化；互生叶片呈线形，长2~4厘米，宽0.1~0.5厘米；花单生，一般在枝的顶端，花直径15~20毫米，花瓣蓝色倒卵形；蒴果球形，直径6~9毫米，蒴果内部5裂，种子10粒。亚麻子一端圆润一端略尖，整体扁平卵圆形，表面光滑，呈灰褐色。种仁乳棕色，油性，嚼之有豆腥味。



亚麻植株

### 习性，生长环境

亚麻在我国各地均有种植，主要分布在黑龙江、云南和西藏等地。亚麻子含油量高，可做油料作物；茎富含纤维，可做纺织原料。

## 二、营养及成分

亚麻子含油量30%~40%，油中脂肪酸主要有：亚油酸、亚麻酸、油酸、肉豆蔻酸、棕榈酸等。亚麻子含有丰富的甾醇类化合物，包括菜油甾醇、豆甾醇和谷甾醇等。此外，还含有萜类化合物，如环木菠萝烯醇、牻牛儿基牻牛儿醇、亚麻苦苷等。每100克亚麻子部分营养成分见下表所列。

|  |  |
| --- | --- |
| 蛋白质 | 19.10克 |
| 磷 | 577毫克 |
| 钾 | 408毫克 |
| 镁 | 389毫克 |
| 钙 | 228毫克 |
| 钠 | 49毫克 |
| 铁 | 19.70毫克 |
| 维生素E | 12.93毫克 |
| 锌 | 4.84毫克 |
| 锰 | 2.63毫克 |
| 铜 | 1.60毫克 |
| 烟酸（烟酰胺） | 1毫克 |
| 维生素$B_1$（硫胺素） | 0.29毫克 |
| 维生素$B_2$（核黄素） | 0.28毫克 |

## 三、食材功能

**性味** 味甘，性平。

**归经** 归胃、肝、大肠经。

**功能** 亚麻子具有养血祛风、润燥通便的功效。主治麻风，疮疡湿疹，皮肤干燥瘙痒，脂溢性脱发及咳嗽气喘等症。《山西中草药》中记载："（五麻子）补益肝肾，养血祛风润燥。治病后虚羸，虚风眩晕，肠燥便秘等症。"

（1）降血脂、预防心血管疾病

亚麻子中的α-亚麻酸对血清中的胆固醇等酯类的含量具有显著的降低作用，可以降血脂，预防动脉粥样硬化等心血管疾病。

（2）其他功能

亚麻子因为富含膳食纤维和黄酮类化合物，还有预防糖尿病、健脑明目等功效。





## 四、烹饪与加工

**亚麻子粉**

将亚麻子放入干锅（不放油）中，小火翻炒至颜色变深、香气浓郁；放凉打成粉后，密封冷藏。可以拌粥、做煎饼等，也可以做面包。

**烘焙食用**

熟亚麻子（炒熟）、亚麻子粉（碾压后）或亚麻子油（压榨后），都可以用在烘焙食物上，经常见到的有饼干、面包上面覆盖着一层亚麻子等。和芝麻相比，亚麻子稍坚硬一些，还可将亚麻子粉与面粉混合后做成各类面点。

### 亚麻子油

亚麻子在我国古代就已被榨成油食用，但仅限于内蒙古、山西、甘肃等北方地区。除了传统的压榨法，亚麻子油的制备工艺还包括超临界$CO_2$萃取、超声波辅助提取等。亚麻子富含人体必须Ω-3脂肪酸，其属于不饱和脂肪酸，是人体必需但不能自我合成的脂肪酸，具有降血糖、降血压等功效。

亚麻子油

## 五、食用注意

大便滑泄者禁服，孕妇慎服。

## 成吉思汗与亚麻子

传说成吉思汗为了长生不老，派人秘密从密昔尔（今埃及）运送制造不死药的亚麻良品。西夏皇帝李晛的亲弟弟李晟混入敌营，在元军中做了双重间谍。康梅兄妹计划烧尽亚麻良品，破坏成吉思汗的长生不老计划，李晟想帮他们，但他又怀着私心，因为他做间谍的目的是借元军之力，谋夺哥哥的皇位。西夏皇帝李晛想投降蒙古，他收买了李晟尽力拉拢的帖木格，当李晟在计划中自出机杼时，为帖木格所骗，使得部分亚麻运到大汗那里。在得到亚麻油之后，成吉思汗没有炼制出长生不老药，在快攻下西夏的时候就死了，但亚麻由于确有极好的疗伤、保健效力，在元军中的美名广为传扬。

# 冬葵子

青青园中葵，朝露待日晞。
阳春布德泽，万物生光辉。
常恐秋节至，焜黄华叶衰。
百川东到海，何时复西归？
少壮不努力，老大徒伤悲。

——《长歌行》 汉乐府

## 一、物种本源

### 拉丁文名称，种属名

冬葵子（*Malvae Fructus*），又名葵菜子，是锦葵科植物冬葵（*Malva verticillata* L.）干燥成熟的种子。

### 形态特征

冬葵为一年生草本植物，叶片直径5~11厘米，圆形具掌状分裂，叶柄2~8厘米；花簇生叶腋，无柄，花冠淡红色或白色，花瓣5片；果实椭圆形，直径在5~7厘米，分果爿10个左右。冬葵子一般直径约3毫米，为两端凸起、中间凹陷的灰褐色肾形果实。

### 习性，生长环境

种仁黄色，含油率高，味淡微甘。冬葵子在全国各地区均有产出，常见于平原、山野等处。一般在夏、秋二季采摘。

冬葵植株

## 二、营养及成分

冬葵子含有较多的脂肪、蛋白质、碳水化合物等。此外，还含有多种天然活性成分和多种矿物质。其中，天然活性物质包括内酰胺化合物、甾体类化合物、脑苷类化合物等；矿物质包括钾、镁、铁、铝等15种。每100克冬葵子部分营养成分见下表所列。

|  |  |
| --- | --- |
| 单糖 | 7克 |
| 蔗糖 | 4.50克 |
| 麦芽糖 | 5克 |
| 淀粉 | 1克 |

## 三、食材功能

**性味** 味甘、涩，性凉。

**归经** 归大肠、小肠、膀胱经。

**功能** 冬葵子具有利尿通淋，下乳，润肠的功效。主治肾热，乳汁不通，膀胱热，膀胱结石，乳房胀痛，便秘等症。《得配本草》记载：“（冬葵子）滑肠达窍，下乳滑胎，消肿，通关格，利二便。”

冬葵子及其提取物具有抵抗冠状病毒感染的作用，因此具有一定的抗病毒作用。

## 四、烹饪与加工

**冬葵子赤豆汤**

（1）材料：冬葵子15克，玉米须60克，赤豆100克。

（2）做法：加入适量清水后大火煮开，再小火焖煮1小时，出锅前加入少量白糖调味。

（3）功效：消痰化浊。

冬葵子赤豆汤

**冬葵子炖羊肾**

（1）材料：冬葵子500克，羊肾1对，葱白、生姜各10克，盐、味精少许。

（2）做法：冬葵子炒熟备用；羊肾洗净切块后入砂锅，加清水后依次加入葱白、生姜，煮熟后加盐、味精调味，最后加入冬葵子即可。

（3）功效：消痰化浊。

## 五、食用注意

（1）脾虚肠滑者暂勿食用。

（2）孕妇暂勿食用。

## 冬葵子的传说

冬葵子最早见于《神农本草经》的《名医别录》："冬葵子，生少室山，十二月采之。"

传说，是居住在河南少室山附近的族民发现冬葵子及其药效的。这座山为什么叫少室山呢？传说夏禹的第二个妻子涂山氏之妹栖于此，后人于山下建少姨庙以敬之，故此山名谓"少室山"。

有一年，天降大旱，连续数月滴雨未下，地面干涸，饮水困难，农民们把绝大部分的粮食上交给地主后，剩下的粮食太少了，农民们很难度过漫漫冬季。嵩山的少室山，因为地势高，山上郁郁葱葱，农民们觉得上山应该不会挨饿。

于是，陆陆续续有农民开始上山找寻食物。在寻找食物的过程中，有很多农民由于缺水缺食物而出现了少尿无尿、尿路感染等病症。其中，有些农民实在饿极了，看到路边的葵菜就摘来生食，结果发现葵菜味鲜汁浓；有些人连葵菜子也一起嚼食了；还有的农民干脆架起了火炉，煮熟葵菜来充饥。

令人没有想到的是，连续吃了几天葵菜后，农民们尤其是连着籽吃的农民，发现大便通畅，小便也不涩了。于是，他们和其他农民聊天时讲了这个事，大家很兴奋，都庆幸吃葵菜不但没中毒，而且还解了饥、治了病。因此，第二年，农民们纷纷在自家院子里种起了葵菜。由于葵菜冬天才结籽，所以人们就叫它冬葵子。

# 火麻仁

葛岭当年宰相家，游人不敢此行过。
柳阴夹道莺成市，花影压阑蜂闹衙。
六载襄阳围已解，三更鲁港事如何。
栋梁今日皆焦土，新有园丁种火麻。

——《贾魏公府》（其一）（元）汪元量

## 一、物种本源

### 拉丁文名称，种属名

火麻仁（*Cannabis Frvctus*），又名大麻仁、麻子仁等，是桑科植物大麻（*Cannabis sativa* L.）干燥成熟的果实。

### 形态特征

大麻为一年生草本植物，株高1～3米，茎直立；叶片掌状全裂，裂片披针形；雌雄花序单生，颜色不一，雄花黄绿色，雌花绿色。大麻每年5～6月开花，7月结果。果实为顶端稍尖的卵圆形状，表面覆盖灰绿色、光滑的外壳。外壳易碎，且储存时间过久时，外壳会有灰绿色变成灰黄色。中间有乳白色果仁，微香且富油性。

### 习性，生长环境

大麻原产于中亚，现在世界各地均有种植。我国在2000～3000年前

火麻植株

就开始栽培和利用大麻。火麻仁作为一味传统的中药材，被古人用于治疗便秘、痢疾、月经不调等疾病。目前，我国各地均有栽培大麻，主要分布于吉林、黑龙江、江苏、河北等地。

## 二、营养及成分

火麻仁是传统的中药材，具有较多活性物质。目前，科研人员从火麻仁中提取并鉴别出70多种化合物，主要有脂肪酸、脂肪酸酯、黄酮类、甾醇和萜类、生物碱、大麻素类等。

## 三、食材功能

**性味** 味甘，性平。

**归经** 归脾、胃、大肠经。

**功能** 火麻仁具有润肠通便的功效，适用于血虚津亏，肠燥便秘等症。《本草拾遗》记载：“（火麻仁）下气，利小便，去风痹皮顽，炒令香捣碎，小便浸取汁服；妇人倒产吞二七枚即正；麻子去风，令人心欢。”

（1）抗氧化、抗衰老作用

火麻仁中含有的甾醇、木脂素酰胺、火麻仁蛋白等活性物质具有良好的抗氧化性，可以抑制人体内自由基的产生，增强机体的氧化代谢能力，从而具有抗衰老作用。

（2）润肠通便

火麻仁在肠道中可以刺激肠管和肠黏膜，从而促进肠道蠕动，帮助大便排出。

（3）预防心血管疾病

火麻仁富含大量的不饱和脂肪酸以及其他活性物质，可以预防心脏病、动脉硬化等心血管疾病。

### 火麻仁汤

（1）材料：火麻仁、肉苁蓉、何首乌各30克，当归15克，桃仁、羌活各12克，熟地黄20克。

（2）做法：上药加水适量煎煮，连煎2次，取药汁300毫升。

（3）用法：每日1剂，早、晚温服。

（4）功效：养血润燥，适用于血虚便秘。腹胀脘痞明显者，加厚朴；心烦口干，舌红少津者，加知同、石斛。

### 火麻仁酒

（1）材料：火麻仁160克、米酒500毫升。

（2）做法：取火麻仁研为细末，然后加入米酒进行泡制，泡制时间一般为3天，3天后即可饮用，注意酌量服用。

（3）用法：每次饭前服用最佳，服用前将酒温热。

（4）功效：润肠通便。

### 火麻仁粥

取火麻仁15克和紫苏子10克加水研磨取汁，放入粳米粥中进行熬制。

### 火麻仁油

火麻仁含有50%左右油脂，可以采用传统压榨工艺制成火麻仁油。

火麻仁油

### 火麻仁青稞膨化饼干

（1）材料：中筋粉100克为基准；青稞粉45%、火麻浆（火麻仁：水质量比1：1.5）30%、谷朊粉2%、蔗糖10%、可可粉2%、魔芋精粉10%、纯净水60%。

（2）做法：按照以上配方揉面、压面后，将面皮切成长8~10厘米、宽1厘米、约1克重的面条，将面条置于空气炸锅中，于160~180℃条件下膨化5~8分钟，待冷却至室温，密封包装得成品。

## 五、食用注意

（1）脾胃不足患者暂勿食。

（2）便溏、阳痿、遗精、带下患者暂勿食。

## 苏轼用火麻仁治痔疾

相传，苏轼（1037—1101）曾用火麻仁治疗过痔疾和便秘。那是苏轼被贬谪到惠州期间。

今人将痔疮视为隐疾，古人倒未必。苏轼被贬岭海时期，大大方方地在书信中写患痔之事，生怕别人不知。比如与侄婿王庠的书信中说：“近日又苦痔疾，呻吟几百日。”对黄庭坚（1045—1105）说：“但数日来苦痔病。”南华辩师寄诗歌与苏轼，求评赏相和。苏轼回复倒坦诚：“近苦痔疾，极无聊，看书笔砚之类，殆皆废也。”至于在惠州遇到亲娘舅家表兄程正辅后，诗文信件中的家常寒暄便永远以痔事为主题：“某近苦痔，殊无聊，杜门谢客，兀然坐忘尔……亦苦痔无情思耳……但痔疾不免时作……”

诸如此类的苦痛倾诉随处可见，名士风格一望便知。想今人即使有雅兴书信往来，也断然不会与亲朋密友大谈隐疾之事。

苏轼先是患有内痔，后又并发便秘，整天又痒又痛又胀满，给他排便、行走和落座都带来不便。

据苏轼书信中“某旧苦痔疾，盖二十一年矣”一句推算，他受此病患侵扰由来已久。但被贬谪至此后却颇频繁发作，一方面是因为昔年岭南尚是荒蛮瘴疠之处，距京师万里之遥，权臣被贬至此，心情晦暗无边不提，身体怕是也被熏天的瘴气折磨劳损。另一方面自也因身心俱疲所致，可又怕表兄将他的痔疮频发归结到心病一类大肆相劝，特意在书信中声明此番旧疾频发，只与身体相关，非是贬谪造成的心态糟糕所致。

可痔易发不易治，对此，苏轼也算是办法想绝：

惠州时期犯痔时，先是尝试传统药物治疗，可惜效果不好。

连续呻吟几百日之后，苏轼又转向痔疮病理研究。与几个道士相合计，认为痔疮乃是“有虫馆于吾后，滋味薰血，既以自养，亦以养虫”。他认为这是一只小虫在体内啃咬所致，所以最自然的治疗办法就是只要自身枯槁，虫便弃肉身而去。于是他自病自疗，断荤去酒，只食清淡：“缘此断荤血盐酪，日食淡面一斤而已。”“百药不瘳，遂断肉菜五味，日食淡面两碗，胡麻、茯苓麨数杯。”“旦夕食淡面四两，犹复念食，则以胡麻、茯苓麨足之。”

至此，昔年在松林中连松脂都要捡起来尝一尝的苏轼已彻底被痔打败，且将老饕身份抛于一旁，凡吃食皆要有利于治痔。

而爱吃之心到底难改，这几般淡而无味的食材，居然也被苏轼加工成了一方美味：“胡麻（黑芝麻是也）去皮，九蒸曝，白茯苓去皮，入少白蜜为面，杂胡麻食之，甚美。”

不过，疗效也相当喜人：“如此服食已多日，气力不衰，而痔渐退。”

# 白芝麻

青色头如菩提子，项上毛青靛染成。
牙铃更得芝麻白，任君尽斗足欢情。

——《促织经·真青》
（南宋）贾似道

## 一、物种本源

### 拉丁文名称，种属名

白芝麻，是胡麻科芝麻属植物芝麻（*Sesamum indicum* L.）成熟的白色种子。芝麻又名胡麻、油麻等。白芝麻种皮薄且为白色，因此得名。

### 形态特征

芝麻为一年生草本植物，株高60～150厘米，茎直立中空；叶子卵形，长3～10厘米，宽2.5～4厘米。花冠白色筒状，直径1～1.5厘米，长2～3.5厘米。一般7月份左右开花，9月份左右采收，根据种植地区（纬度）不同，开花及采收时间不尽相同。

### 习性，生长环境

芝麻在黄河及长江沿线均有种植。河南、安徽等地种植面积较大，是我国芝麻的重要产地；其中河南产量最大，约占全国总量的1/3左右，而我国的芝麻产品约占世界总量的10%左右。白芝麻口感好、香而不





白芝麻植株

腻，且具有很高的含油量，是我国重要的油料作物之一。现在一般认为芝麻原产印度，在汉朝时期传入我国。



## 二、营养及成分

白芝麻中含有水分5%左右，蛋白质20%左右，脂肪50%左右，碳水化合物20%左右；含有硫胺素和核黄素等多种维生素；含有多种矿物质，其中钙0.8%左右，磷0.5%左右，钾和镁各0.3%左右，还含有铁、锌和硒等微量元素。此外，白芝麻还含有多酚等多种生物活性物质。

## 三、食材功能

**性味** 味甘，性平。

**归经** 归肝、肾、肺、脾经。

**功能** 中医学认为，芝麻有补血明目、祛风润肠、生津通乳、益肝养发、强身体、抗衰老之功效。可用于治疗身体虚弱、头晕耳鸣、高血压、高血脂、咳嗽、身体虚弱、头发早白、贫血萎黄、津液不足、大便燥结、乳少、尿血等症。

（1）抗氧化作用

芝麻中的生育酚等多种生物活性物质，具有清除机体内自由基的作用，可以阻断脂肪酸的过氧化反应，有抗衰老效果。此外，芝麻中的芝麻素等物质，自身虽然没有抗氧化活性，但其代谢产物具有抗氧化活性，能够有效地避免肝脏等器官的氧化损伤。

（2）保肝作用

摄入芝麻素能够显著地影响与脂肪生成和脂肪酸β氧化相关的脂肪代谢的基因表达；芝麻素对慢性肝损伤具有明显的保护作用，并具有调节血脂和防治脂肪肝的作用。

（3）对心血管的保护作用

芝麻中的芝麻素具有降血脂作用，因此，具有预防动脉粥样硬化的潜力。另外，芝麻中的生育酚可以改善脂质代谢，进而预防动脉粥样硬化和冠心病的发生。

## 四、烹饪与加工

### 白芝麻糖

（1）材料：白芝麻，白糖，麦芽糖。

（2）做法：白芝麻清洗后控干水分，加入烤盘入烤箱烤干；干燥的白芝麻入锅，小火炒至颜色偏黄、香气溢出后，冷却备用。锅中加入适量白糖和水，白糖溶解后，经历大气泡变成小气泡后，再加入麦芽糖，继续翻炒至麦芽糖融化，小气泡密集后，倒入冷却的白芝麻继续翻炒，有拔丝现象出现后，出锅倒入模具中。

（3）用法：冷却后切片食用。

白芝麻糖

### 白芝麻脆饼饼干

鸡蛋与白砂糖混合均匀后加低筋面粉和白芝麻，以及油和盐，搅拌均匀，垫油纸，把糊状蛋液倒在油纸上，刮到最薄，放入烤箱，温度设置为140℃烘烤15分钟即得。

### 白芝麻酥饼

滚水和面制成絮状烫面，加入油盐后再加入凉水，揉成面团，醒面；其间制备油酥，具体为将烤熟的面粉与油充分混合，制成膏状油酥；醒面半小时后，面团搓成长条状，切成鸡蛋大小的剂子，用擀面杖展开后，均匀抹上油酥，卷成长条形，再盘成圆形，稍微压扁后，两面铺满白芝麻，入锅小火煎至两面金黄即可。

### 芝麻油（香油）

使用水代法加工芝麻得到的小磨香油，散发着人们喜欢的老味道。这种工艺已有400多年历史，是我国特有的制油工艺。芝麻油的其他加工方式还有压榨法、压滤法、浸出法、超临界$CO_2$萃取法和亚临界萃取法等。其中，压榨法是常见的加工方式，主要借助物理力量将芝麻油从芝麻中挤压出来。该工艺的优点是自动化程度高，可以连续生产。压滤法主要利用液体静压进行压榨，其特点是油品质高，但生产效率和成本较高。其他加工工艺，如亚临界萃取法等，对设备要求高。

### 芝麻糊

芝麻、大米分别炒熟，再与红枣、核桃等辅料一起加入料理机，粉碎后过筛除去大颗粒；食用时，用开水将得到的混合粉末调制成糊状即可。

### 芝麻酱

制作芝麻酱主要包括清洗、脱皮、热加工、冷却、研磨和装罐等工序。将芝麻置于清水中浸泡半小时后，搓洗去除种皮，得到芝麻仁；将芝麻仁放入微波炉中加热，至香气四溢后取出冷却；使用胶体磨对处理过的芝麻仁进行研磨，得到酱状成品。

## 五、食用注意

（1）芝麻含油量高，脾胃虚弱及肠胃不好的人慎食或少食。

（2）男子阳痿、遗精者忌食，会加重病情。

## 种熟芝麻的人

有位农夫听说白芝麻的营养价值很高，买来滋补养身的人趋之若鹜。因此，他决定将土地重新整理一番，用来种植白芝麻。隔天，农夫到城里的农作物种子店，询问老板有关白芝麻的信息。

卖种子的老板不厌其烦地一一向他解释。这位从来不曾种过白芝麻的农夫，听老板说了那么多白芝麻的好处，他想尝尝白芝麻的滋味，于是伸手抓了一把白芝麻放入口中。哇！那味道又涩又苦！种子店的老板就说："哎呀！你把生的白芝麻拿来吃，当然是又涩又苦。白芝麻要炒过，炒熟后的白芝麻才既香又有营养。"农夫听了，便买下一袋白芝麻种子回家。他一回到家立刻生火、热炉，将整袋白芝麻倒入锅中，炒热、炒香。果真，这些白芝麻种子经过炒熟后，香味持续散发出来。得意扬扬的农夫将炒熟的白芝麻种子拿到田里开始播种，每天都守在田里，希望这些白芝麻种子能快点生根发芽。

十天、半个月过去了，白芝麻种子仍是迟迟不发芽。在隔壁田里耕作的农夫见状就跑来问："你这些白芝麻种子为何这么差？"热心的农夫说："我替你看看。"他蹲下来将土翻开，看到那些白芝麻种子时，吃惊地问："为什么你的白芝麻种子都是熟的？"这位农夫如实地将买白芝麻和种植的过程叙述了一遍。隔壁的农夫听了，哈哈大笑地说："我们种好收成后，别人买回去食用时要炒熟，而不是叫你先炒后种。"

# 车前子

析析檐前竹，秋声拂簟凉。
病加阴已久，愁觉夜初长。
坐拾车前子，行看肘后方。
无端忧食忌，开镜倍萎黄。

——《秋日病中》
（唐）张祜

## 一、物种本源

### 拉丁文名称，种属名

车前子（*Plantagiuis Semen*），是车前科植物车前（*Plantago asiatica* L.）或平车前（*Plantago depressa* Willd.）干燥成熟的种子。

### 形态特征

车前为两年生或多年生草本植物；叶片纸质呈宽卵形，基生叶呈莲座状分布。车前花序一般3~10个，穗状花序长度3~40厘米，花冠白色。蒴果形状多样，长度约4厘米。种子椭圆形，黑褐色。

### 习性，生长环境

相比平车前的种子，车前的种子颗粒较大，因此，被称为大粒车前子，而平车前的种子则被称为小粒车前子。大粒车前子长约2毫米、宽约1毫米，为黑棕色或棕褐色的椭圆形或不规则长圆形的种子，表面附有一层细密网纹，主产于江西、河南等地。小粒车前子长1~1.5毫米、宽小于1毫米，较大粒车前子较小，主产于东三省、河北等地。

车前植株

## 二、营养及成分

车前子富含多种天然活性物质，包括苯乙醇苷类（如大车前苷等）、环烯醚萜类（如京尼平苷酸和栀子苷等）、黄酮类（如槲皮素等）、多糖类（车前黏液质和车前子胶等）、甾醇（胡萝卜苷和豆甾醇等）、三萜类以及车前子酸、生物碱、蛋白质等。每100克车前子部分营养成分见下表所列。

|  |  |
| --- | --- |
| 碳水化合物 | 10克 |
| 蛋白质 | 4克 |
| 膳食纤维 | 3.30克 |
| 脂肪 | 1克 |
| 钙 | 309毫克 |
| 磷 | 175毫克 |
| 铁 | 25.30毫克 |
| 维生素C | 25毫克 |
| 胡萝卜素 | 5.85毫克 |
| 维生素$B_2$ | 0.25毫克 |
| 维生素$B_1$ | 0.09毫克 |

## 三、食材功能

**性味** 味甘，性寒。

**归经** 归肝、肾、肺、小肠经。

**功能** 中医认为车前子能去风毒，肝中风热，目赤障翳，脑痛泪出，去心胸烦热。《神农本草经》记载：“（车前子）主气癃，止痛，利水道小便，除湿痹。久服轻身耐老。”

（1）预防心血管疾病作用

车前子可以降低血清中脂质的过氧化物反应，能预防心血管疾病。

（2）抗炎作用

车前子中的车前多糖具有抗炎症作用，可以抑制并杀死病原微生物。

（3）抗衰老作用

车前子能增强血清及心肌超氧化物歧化酶（SOD）的活性，减少脂质过氧化物的产生，因此具有抗衰老作用。

## 四、烹饪与加工

### 车前子粥

（1）材料：车前子、粳米。

（2）做法：将车前子包裹在纱布中，将其放入水中煮沸，然后挤压汁水，再将粳米入锅，熬制成粥即可。

车前子粥

### 车前子养生汤

将车前子洗净，鸡骨草洗净切碎；河蚌去壳取肉；将处理好的食材一同下锅，加水后大火煮沸，再小火炖煮1小时，然后放入盐等调味即可食用。

车前子可以用作食品的辅料，用于食品开发；目前利用车前子作为辅料生产的产品有车前子酸奶饮料、车前子苹果汁保健饮料等。

## 五、食用注意

车前子性走下窍，虽有强阴益精之功，若阳气下陷、肾虚遗精及内无湿热者暂勿服用。

## 欧阳修与车前子

宋代大文豪欧阳修（1007—1072）因饮食不节患了腹泻，请遍京城名医施治，均不见好转。

一日，欧阳修的妻子听说京城来了位跑江湖的郎中，颇有名气，便建议欧阳修去看一下。欧阳修认为自己的病情较重，万一不对症反而误事，因此拒绝了妻子的要求。

妻子无奈，便瞒着他，叫仆人从江湖郎中处，花三文钱取回来一帖专治腹泻的药，谎称是太医院王太医所开。

欧阳修服药后一个时辰，小便增多，次日腹泻便停止了，真是药到病除。欧阳修大喜，要去感谢王太医，其妻只得以实相告。

欧阳修听罢，即命仆人上街请来郎中，且以上宾之礼相待，并问："先生用何妙方治愈老夫顽疾？"

郎中答道："不瞒相公，仅一味车前子研末用米汤送服而已。"

欧阳修暗想："《神农本草经》中谓车前子治气癃，止痛，利水道小便，除湿痹，并未言可治腹泻。"想到这里，他脸上露出了惊讶之色。

那郎中又说道："此药利水道而不动气，水道利则清浊分。相公是因湿盛引起的水泄，用车前子引导水湿从小便排出而达到止泻目的，此即'分利'止泻法也。"

欧阳修听后，恍然大悟："先生一言，茅塞顿开，实乃金玉良言，老夫受益匪浅。"说罢，即以重金相谢。这一治法的应用，开创了"利小便以实大便"的先河。

后来，李时珍在编《本草纲目》时，对车前子的治疗功效，就补写了"导小肠热，止暑湿泻痢"这一功效。

# 酸枣仁

枝满尖穿圆玛瑙。
红袄怀仁，济世如仙草。
乐死药王孙思邈，巧调熬治癫狂好。
性味归肝心胆灶。
补气安神，清热排毒妙。
妙见润之医感冒，生熟对饮三天笑。

——《蝶恋花·酸枣仁》
（现代）徐再城

## 一、物种本源

### 拉丁文名称，种属名

酸枣仁（*Ziziphi Spinosae Semen*），又名山枣仁、小酸枣仁等，为鼠李科植物酸枣[*Ziziphus jujuba* Mill. var. *spinosa*（Bunge）Hu ex H. F. Chou]干燥成熟的种子。

### 形态特征

酸枣为落叶灌木，叶片较小，核果近球形，果实直径在1厘米左右，个头偏小，果皮薄，味道酸，故名酸枣。酸枣一般6~7月开花，8~9月结果。酸枣仁为酸枣核的去壳种子，长5~9毫米、宽5~7毫米、厚3毫米左右，外形稍扁，呈椭圆形或圆形。酸枣仁外果皮光滑，且有裂纹，一般呈现紫褐色或紫红色。内部为两个淡黄色的子叶和乳白色的胚乳。子叶味道偏淡，有淡淡的香味且具有油性。

酸枣植株

**习性，生长环境**

酸枣一般生长在温暖干燥地区，耐寒耐旱，主要分布在河北、河南、安徽、内蒙古、山东、江苏等地。适宜种在山坡上，不宜种在低洼处。

## 二、营养及成分

酸枣仁是我国药典中收录的一种传统中药材。根据营养学家测定，酸枣仁中含有蛋白质31%～32%、脂质25%～26%以及膳食纤维30%～31%。此外，酸枣仁中还含有皂苷（酸枣仁皂苷A和酸枣仁皂苷B）、黄酮类化合物、甾醇、白桦脂醇、白桦脂酸等。

## 三、食材功能

**性味** 味甘、酸，性平。

**归经** 归肝、胆、心经。

**功能** 中医认为酸枣仁有补肝胆、润心肺、醒脾胃、宁心神、除虚烦和健筋骨等作用。炒酸枣仁适用于心虚心烦，寐少梦多，头晕目眩，津伤口渴，阳虚自汗等症。生酸枣仁适用于胆热多眠症。

明代李士梓所著《本草通玄》记载：“（酸枣仁）其主疗多在肝胆二经，肝虚则阴伤而烦心不得卧。肝藏魂，卧则魂归于肝，肝不能藏魂，故目不瞑。枣仁酸味归肝，肝受养，故熟寐也。其寒热结气，酸痛湿痹，脐下满痛，烦渴虚汗，何一非本方之症，而有不疗者乎？世俗不知其用，误以为心家之药，非其性矣。”

（1）镇静催眠

酸枣仁对苯丙胺兴奋中枢有一定程度的抑制作用。此外，酸枣仁中黄酮类成分具有镇静催眠作用。

（2）抗氧化

酸枣仁的醇提取物能有效清除自由基，并确认总黄酮为其有效成分。酸枣仁油还具有明显的抗氧化作用。

（3）抗焦虑

酸枣仁汤中的黄酮和多糖是抗焦虑作用的物质基础。

（4）抗抑郁

酸枣仁原药及其多糖提取物、生物碱提取物具有抗抑郁作用，其中酸枣仁生物碱提取物治疗抑郁的效果最强。

## 四、烹饪与加工

### 酸枣仁芹菜根汤

（1）材料：酸枣仁10份与芹菜根1份。

（2）做法：洗净后一起入水煮汤。

（3）功效：具有安神补脑、改善睡眠的作用。

### 酸枣仁熬粥

（1）材料：酸枣仁，大米。

（2）做法：酸枣仁与龙骨同煎取汁，大米加水煮开后加入药汁熬成粥。

（3）用法：晚上服用。

（4）功效：能有效治疗失眠。

酸枣仁蛋白乳饮料

### 酸枣仁蛋白乳饮料

以酸枣仁、酸牛奶为主要原料，经过保加利亚乳杆菌和嗜热链球菌混合发酵，利用酸枣仁的宁心补肝、镇静安神和酸奶的降血压、防便秘等功效，可研发出具有保健功能的酸性植物蛋白乳饮料。

### 清心安神桂仁茶

以酸枣仁、茯苓、莲子等药食同源的食材为原料，经粉碎混匀等加工处理后，制成袋泡茶剂。

### 酸枣仁安神保健酒

以酸枣仁、甘草、知母、茯苓、川芎等为原料，加水煮得药汁；接种酿酒酵母后，经7天前发酵、15天后发酵、1个月陈酿后，加胶沉淀固形物，过滤得到澄清的金黄色药酒。

## 五、食用注意

（1）内脏有实热者，不宜服。

（2）有实邪及滑泻者慎服。

## 孙思邈用酸枣仁治癫狂疾

唐永淳年间，孙思邈（581—682）行医来到京城，住在相国寺。寺里有位和尚名允惠，患了癫狂症，经常言语无常、狂呼奔走，遍服汤药，不见一效。

允惠的哥哥与名医孙思邈是至交，便恳请孙思邈设法治疗。孙思邈详细询问了病情，细察苔脉后说道："令弟今夜睡着，明日醒来便愈。"其哥哥听罢，大喜过望。

孙思邈吩咐："先取些成食给小师傅吃，待其口渴时再来叫我。"

到了傍晚时分，允惠口渴欲饮，家人赶紧报知孙思邈。孙思邈取出一包药粉，调入约半斤白酒中，让允惠服下，并让他哥哥安排允惠住在一个僻静的房间。不多时，允惠便昏昏入睡。

孙思邈再三嘱咐寺内僧人，不要吵醒病人，待其自然醒来即愈。直到次日半夜，允惠醒后，神志已完全清楚，癫狂痊愈。

允惠家人重谢孙思邈，并问其治愈道理。孙思邈回答："此病是用朱砂酸枣仁乳香散治疗的。即取辰砂一两、酸枣仁及乳香各半两，研成粉末，调酒服下，以微醉为适度，服完令他卧睡。病轻者，半日至一日便醒；病重者二三日才会醒。必须让其自己醒来，病必能愈；若受惊而醒，则不可能再治了。"昔日吴正肃，也曾患有此疾，服用一剂，竟睡了五日才醒，醒来后病也好了。

这一巧治癫狂之法，取酸枣仁安神之功，配伍朱砂，故收到理想疗效。

# 郁李仁

嘉李繁相倚，园林澹泊春。
齐纨剪衣薄，吴亻二下机新。
色与晴光乱，香和露气匀。
望中皆玉树，珑堵不为贫。

——《李花》（北宋）
司马光

## 一、物种本源

### 拉丁文名称，种属名

郁李仁（*Pruni Semen*），又名郁子、郁里仁等，为蔷薇科植物郁李（*Prunus japonica* Thunb.）、欧李（*Prunus humilis* Bge.）或长柄扁桃（*Prunus pedunculata* Maxim.）干燥成熟的种子。

### 形态特征

郁李是一种灌木，株高在1米左右，枝条灰褐色；叶片卵圆形，长3~7厘米，宽1.5~2.5厘米；花1~3朵簇生，花瓣白色或粉色；核果近球形，果核光滑。

### 习性，生长环境

根据其大小不同，郁李仁可以分为小李仁和大李仁。小李仁长5~8毫米、宽3~5毫米、厚3~5毫米，一头尖、一头钝，外表呈现浅棕色或黄白色，内部为乳白色的果仁，味苦且气微，主要分布在河北、辽宁、山东、内蒙古等地。大李仁为黄棕色或淡黄白色，卵圆形，长6~10毫米、宽5~7毫米、厚5~7毫米，主要分布在内蒙古、宁夏等地。

郁李植株

## 二、营养及成分

郁李仁是传统的中药材，含有42%~43%的脂肪、24%~25%的蛋白质、约24%的膳食纤维。此外，郁李仁的维生素E含量较高，为28.67毫

克/100克。而且，郁李仁含有多种活性化合物，例如苦香仁苷、植物甾醇、郁李仁苷、香荚兰酸、乌苏酸、原儿茶酸等。每100克郁李仁主要营养成分见下表所列。

|  |  |
| --- | --- |
| 脂肪 | 42.70克 |
| 蛋白质 | 24.80克 |
| 膳食纤维 | 24克 |
| 钙 | 111毫克 |
| 钾 | 53毫克 |
| 磷 | 32毫克 |
| 维生素E | 28.67毫克 |
| 钠 | 5.20毫克 |
| 锌 | 2.96毫克 |
| 锰 | 1.27毫克 |
| 核黄素 | 0.71毫克 |
| 铁 | 0.50毫克 |
| 铜 | 0.47毫克 |
| 硫胺素 | 0.08毫克 |

## 三、食材功能

**性味** 味辛、苦、甘，性平。

**归经** 归脾、大肠、小肠经。

**功能** 中医认为郁李仁可以消水肿、除胀满、润肠燥、通二便，适用于血瘀肿痛、脚气湿烂、气结喘满、水肿腹胀、大便秘结、小便不利、肠燥气滞等症。

（1）抗炎和镇痛作用

郁李仁中提取的两种蛋白成分具有镇痛和抗炎作用，可用于静脉注射。

（2）其他作用

具有镇咳祛痰作用，可作为抗惊厥、利尿、降压的药物。





## 四、烹饪与加工

### 郁李仁粥

郁李仁磨碎煮水，弃渣取水与米煮粥，具有健脾益气，对便秘、肝硬化腹水等症有效。

### 郁李仁薏米粥

（1）材料：郁李仁12克，薏苡仁15克。

（2）做法：将郁李仁加水煎煮取汁，去渣，加薏苡仁共煮，加白糖调服。

郁李仁薏米粥

### 郁李仁粗多糖

多糖是郁李仁中的一种营养成分，具有抗炎、抗衰老等功效。可以通过以下工艺提取郁李仁中的粗多糖：郁李仁粉碎、脱脂后，使用80%的乙醇回流除去酚类等成分，干燥后用水提取，再用75%的乙醇沉淀，得到粗多糖。

## 五、食用注意

（1）孕妇暂勿食用。

（2）津液素亏者暂勿食用。

## 净湘法师锯李树骂皇帝

金兵南下，宋高宗赵构（1107—1187）只身逃难江南。一路上他被金兵追赶着，东躲西藏，走了多日还未到达临安。

一天，他沿着古驿道来到一座大禅寺的山门口。抬头一看，山门上方写着斗大的“净湘禅寺”四个字。只因走得渴了，他便跳下马背，将马拴在山门口的旗杆石上，想到寺院里去讨口水喝。

但在这兵荒马乱的年景，香火断绝，山门紧闭。他只得沿着红色的围墙朝西走去，想到边门去碰碰运气。不想此时，一股浓郁的酒酿香味从寺墙上方的花窗口迎面扑来。

赵构抬头一看，寺墙的琉璃脊上，赫然伸出一桠青枝。上面结着个紫红色的佳果，已被飞鸟啄去了一半，汁水滴得如在流泪一般。酒酿香味就是从这佳果上面发出来的。

“啊，这不是天下闻名的禾城槜李嘛！”于是，赵构打定主意，进寺以后，向禅寺法师要槜李吃，一则解暑，二则品奇。

正在这时，猛听寺院中发出“嘎啦”一声响，又在寺墙脊上的一桠青枝应声倒下。赵构抢步进了边门，只见一位法师手中握着柴锯，将偌大一株槜李树锯倒在地上。

“啊，把这样好的树锯倒了，岂不可惜！”

“当今天子，把炎黄开创的华夏古国江山都舍得割掉一半，我何苦来可惜这一棵树！”

赵构被法师说得无言以对。

那位净湘法师不知来者是谁，竟骂起皇帝来：“华夏江山，处处都有奇珍异宝。可那些做皇帝的人，只知道敛聚民膏、挥霍民财，全不顾富国强民之道，弄得今日战火遍地，国无宁日，岂不可惜?”

净湘法师议论一番，擦擦光头上的汗水，问道：“足下是谁?”

赵构应道：“正是法师所责骂之人。”

法师惊道：“原来是皇上，小僧死罪!”

赵构虽受责骂，但因身在难中，再者法师所言句句都属实情，只好说：“法师乃忧国忧民，句句出于肺腑，何罪之有?”

法师又问赵构因何至此，赵构便将一路逃难经过讲给他听。

法师当即就在锯剩的树枝上，摘下四枚槜李敬献给赵构，并说：“今日得见皇上，亦即光复有望，小僧再不锯树了。这四枚槜李，聊表四方佛门弟子一番心意，愿皇上肩挑抗金复国重担，重整大宋江山!”

赵构辞别法师上马前行。在马背上，他甜甜地吃起槜李来。吃槜李，只要用指甲在李皮上挑开一个孔，放到唇边一吸，立刻便会琼浆玉露鲜甜盈口。他从净湘寺吃到竹田里（今新篁镇）中间的一座石桥上时，已将槜李吃光，只有最后一枚李子的皮和核还捏在手里。

只因这槜李太好吃了，赵构本想转回去再讨几枚吃，但一想到法师是个厉害人，怕再受他责备，只得打消了这个念头。正想得出神，无意中把手中的槜李核塞入口中咀嚼起来，嚼着嚼着，不想把核咬开了，连核仁也咽下去了。

传说，真正的净湘寺槜李从此再不生核仁了。赵构吃进李仁的那座石桥，就叫李仁桥，现称里仁桥。

# 桃仁

春种一枚核，夏开一树花。
秋收万颗桃，冬藏万粒仁。

——《桃仁》佚名

## 一、物种本源

### 拉丁文名称，种属名

桃仁（*Persicae Semen*），又名桃果种仁、山桃种仁等，为蔷薇科植物桃[*Prunus persica*（L.）Batsch]或山桃[*Prunus davidiana*（Carr.）Franch.]干燥成熟的种子。

### 形态特征

桃树或山桃树为落叶乔木，株高3~8米，最高能到10米，树皮红褐色；叶片卵状披针形，长5~13厘米，宽1.5~4厘米。花单生，先花后叶，花瓣多为红色，少见白色，果实近球形。桃树果实多汁，果核较大，内有离生种子；而山桃果肉很薄，果核近圆形。

### 习性，生长环境

成熟果实除去果肉和核壳，取出种子晒干，即为桃仁。桃仁长卵

桃树果实

形，种皮薄，红棕色。桃仁在我国各地均有出产。药用的桃仁，常见的有甘肃桃仁、四川扁桃仁等。

桃树在我国各地均有种植，除了人们常见的普通桃外，我国的桃树还有以下三个变种，分别是蟠桃、油桃和寿星桃。蟠桃主要分布在江浙一带。它的果实形状与普通桃的形状不同，是扁圆形的。果面茸毛较少，具有口感软、香味浓等特点。油桃原是甘肃等地的品种，现全国均有种植。其特点是表皮光滑不长毛。油桃被认为是现代普通毛桃的原始类型。寿星桃是我国桃的独特种类，用它作砧木嫁接普通桃，可以使树体极度矮小，例如我国各地室内栽培的盆桃，有的就是用寿星桃做砧木，嫁接普通桃培育而成的。

## 二、营养及成分

桃仁富含多种营养成分。桃仁中膳食纤维和碳水化合物的含量分别为24%～29%、20%～23%，含有钠、铁、镁等12种微量元素，以及多种维生素。此外，桃仁中还含有多种甾体和黄酮等天然产物。每100克桃仁主要营养成分见下表所列。

|  |  |
| --- | --- |
| 膳食纤维 | 28.90克 |
| 碳水化合物 | 22.50克 |
| 蛋白质 | 0.10克 |
| 磷 | 63毫克 |

## 三、食材功能

**性味** 味苦、甘，性平。

**归经** 归心、肝、大肠经。

**功能** 中医学认为桃仁有活血祛瘀、祛痰和润肠的作用。桃仁虽有活血作用，但使用需要谨慎，有记载总结“过用之及用之不得其当，能使血下不止，损伤真阴，为害非细”。

（1）润肠通便作用

桃仁脂肪和膳食纤维的含量很高，因此具有润肠通便的作用。

（2）调经作用

研究发现，服用桃仁，可以调节女性经期，并缓解痛经和经期腰痛。

（3）止血作用

桃仁中的胶质等成分，具有促血小板生成的作用，对出血性疾病患者有疗效。

桃仁粉

## 四、烹饪与加工

**生桃仁**

桃仁可以生吃，需要时将桃仁洗净即可食用。

### 炸桃仁

首先，将带皮的桃仁放入沸水中漂烫至桃仁皮微微鼓起，然后再放入凉水中冷却，用手将桃仁皮搓去，留下无皮桃仁，干燥；将干燥后的无皮桃仁在油中炸制一段时间，捞出放凉即可。

### 炒桃仁

选用已经炸好的桃仁，放入锅中，使用文火炒制，使其表皮微黄即可。

### 桃仁糖

桃仁可以加工成多种食品，其中的桃仁糖，其关键加工工序如下：桃仁去杂、焯水去涩后，干燥备用。清水入锅后加糖，搅拌均匀后大火煮沸。熬煮至糖浆冒出细小泡沫时加入饴糖，再度煮沸，熬至糖液绵软干燥时，将糖液舀出来缓慢倒到桃仁上面，使每颗桃仁均匀裹上糖衣即可。

## 五、食用注意

（1）慢性胃炎患者及孕妇暂勿食用。

（2）桃仁微毒，不宜过度摄入。

## 桃仁的传说

从前，有一位种桃的果农，他有一位贤惠能干的妻子。虽然果农一年来都辛勤劳作，但是收成并不是很好，因为山林里有一群猴子会到果园里偷桃子吃。

这年初夏，他的妻子怀孕了，果农想一定要提高收成。于是他从猎户家借来几个捕兽夹挂在桃树上，没过几天，就抓到一只猴子，用麻袋装回了家。妻子打开麻袋，看到里面奄奄一息的猴子，觉得它十分可怜，不忍心杀掉。妻子把猴子受伤的腿用布包扎了一下，又喂给它一些东西吃，没过几天猴子的腿伤好了，跑回了山林里。

从此，来偷桃的猴子渐渐少了，十月里农夫的妻子生下一个男孩，但是留下腹痛病，还摔伤了腿。到了桃子收获的季节，果农在桃林里劳作，妻子在家看孩子。一天突然来了几只猴子，捧来了一些桃核扔在果农家的桌子上。第二天下雨，那几只猴子又来到果农家里，这次它们手里拿着一块石头，把带来的桃核砸开，把桃仁和一种植物一起捣碎，然后捧到在床上休息的果农妻子的面前。抱着将信将疑的态度，果农的妻子吃了下去，一觉醒来感觉腿伤好了一些，而且一天都没有腹痛的感觉。接下来的几天，猴子们每天都来给果农的妻子送药。几天过去后，她的腿伤好了，行走自如，而且腹痛的症状也没有了。妻子把这几天发生的事告诉果农，果农感叹道："果真是好人有好报。"从此，他的桃林里每年都会留一些桃子不摘，让山里的猴子来采食。

# 刺玫果

沿途佳果半含春，三月挂枝更喜人。
常食三五刺玫果，何愁内室无人疼。

——《游春赏树挂果》（现代）石介成

## 一、物种本源

### 拉丁文名称，种属名

刺玫果，又名刺木果，是蔷薇科植物山刺玫（*Rosa davurica* Pall.）或光叶山刺玫（*Rosa davurica* Pall. var. *glabra* Liou）成熟干燥的果实。

### 形态特征

山刺玫为直立灌木，植株高度约为1.5米，多分支，枝有皮刺；小叶长圆形，边缘有锯齿，长1.5~3.5厘米，宽0.5~1.5厘米。花单生，直径约3厘米，花瓣倒卵形粉红色。刺玫果为直径12毫米左右的球形橙红色果实，外果皮坚硬且有毛绒，内部种子大约有24粒，味道酸甜可口。

### 习性，生长环境

刺玫果一般在每年6~7月开花，8~9月结果。刺玫果主要分布于我国的东三省及山西等地，在国外的朝鲜、俄罗斯也有分布。

山刺玫植株

## 二、营养及成分

刺玫果营养丰富，主要包括碳水化合物、脂肪、蛋白质和挥发性油等成分；此外，还含有黄酮类（槲皮素和橙皮苷等）、皂苷类、甾醇类和三萜类等天然活性物质。刺玫果还含有丰富的矿物质及维生素：28种矿物质及维生素中，锌含量高达19.43毫克/100克；维生素C含量高达6800毫克/100克，是猕猴桃的130倍。

## 三、食材功能

**性味** 味酸、苦，性温。

**归经** 归脾、肝、肺经。

**功能** 刺玫果有止血、理气、止咳和助消化等功效。主治吐血，动脉粥样硬化和肺结核咳嗽等症。《东北常用中草药手册》记载："健脾理气，养血调经。治消化不良，气滞腹泻，胃痛，月经不调。"

（1）保肝护肝作用

刺玫果中含有的生物活性物质可以降低肝细胞中的脂肪积累，清除血清总胆固醇，对脂肪肝具有良好的预防效果。

（2）对心血管系统的作用

刺玫果多酚、黄酮类化合物可以用于降血脂、抗心律失调、抗心肌缺血等治疗，这与该类化合物的抗氧化性有关。

刺玫果粉

## 四、烹饪与加工

刺玫果一般不直接用于烹调，但可以作为调料用于火锅等。例如，刺玫果可以搭配百合、山楂和梨等制成火锅底料。

### 刺玫果风味石斑鱼罐头

（1）材料：以刺玫果、石斑鱼为原料，同时添加刺五加等中草药。

（2）做法：将刺玫果制成刺玫果粉，石斑鱼加入蕨麻、箭刀草、刺五加等按一定比例的中药汁中腌制后蒸熟，冷却后加入刺玫果粉调和，再经过风干、调味、装罐、灭菌、检验、贮存等步骤制成罐头。

（3）功效：具有健胃消食的功效，长期食用能够改善消化不良等症状。

刺玫果亦可以作为保健品的原材料。例如，经酶解、发酵等工艺可以制备刺玫果发酵饮料；使用超临界萃取等技术，萃取刺玫果中的酚类物质，可以制备刺玫果萃取胶囊。

### 刺玫果发酵保健凉茶

刺玫果与野菊花、甘草、亚枯草一起，经提取、调配、发酵和灭菌等步骤，制备的刺玫果发酵保健凉茶，既有凉茶口感，又富有多种天然成分，具有一定的保健功能。

## 五、食用注意

生食时需要注意，不能吃内部的毛刺，否则容易引起肠炎。

## 刺玫果的传说

从前在森林的深处有一个湖，湖中住着一个仙女。传说有心愿的人把自己的心愿写在纸上，折成小船放进湖中，如果小船能够不沉，而且可以漂到湖中心的话，仙女就会助他达成愿望。

有个女孩一直很喜欢一个男孩。可是有一天男孩离开了，他要去寻找刺玫果。

女孩就在湖边把写着自己心愿的小纸船放进了湖中。小船漂到了湖中心。仙女出现了，给了女孩一粒山刺玫种子，并告诉她，要用自己的眼泪去灌溉种子。女孩就在湖边种下了这粒种子，并且每天用泪水浇灌它。

种子每天喝足了泪水就猛劲地长。后来，它发现女孩的泪水已经没有了咸味——因为她的眼睛已经瞎了！女孩就继续用自己的血去浇灌种子。

终于，有一天女孩倒下了。山刺玫也开花结果了，并且是世界上最美丽的刺玫果。

男孩也出现了。他看到了刺玫果，却也发现，刺玫果再重要，也远远没有女孩在他心里重要！可是女孩再也不能看到他以及刺玫果了。

# 枳实

枫叶殷红枳实肥，苹风萧飒芰荷衣。
自甘许汜求田去，不拟刘蕡下第归。
日落大荒猿夜哭，天含积水鹤云飞。
诸君有待乘槎使，直犯星河织女机。

——《留别陆芳润张孟肤田仲耘王孟翼》（元）王逢

## 一、物种本源

### 拉丁文名称，种属名

枳实（*Aurantii Fructus Immaturus*），又名鹅眼枳实、洞庭、破胸槌等，是芸香科植物橙干燥的幼果，可以分为酸橙枳实和甜橙枳实。其中酸橙枳实来自酸橙（*Citrus aurantium* L.）及其栽培变种，而甜橙枳实则来自甜橙（*Citrus sinensis*（L.） Osbeck）。

### 形态特征

常见的甜橙为落叶乔木，枝干少刺；叶片卵圆形，长6~10厘米，宽3~5厘米；花白色，一般形成总状花序；果实球形。果皮黄色，果肉淡黄，种子量少或无。甜橙一般每年3~5月开花，10~12月果实成熟。枳实一般为黑绿色或暗棕绿色的半球形或球形果实，直径5~25厘米，且表面具有颗粒状突出。





橙植株

习性，生长环境

果实较硬，清香、微酸。目前，枳实主要分布于湖南、四川和江西等地，按照产地可分为“湘枳实”“川枳实”和“江枳实”。

## 二、营养及成分

枳实是传统的中药材，具有较多活性物质。目前已经从枳实中分离纯化并鉴别的化合物主要为挥发油类化合物（如柠檬烯等）、黄酮类（如橙皮苷等）、生物碱、香豆素（橙皮内酯水合物、葡萄糖内酯等）、柠檬苦素类化合物等。

## 三、食材功能

性味 味苦、辛、酸，性微寒。

归经 归脾、胃经。

功能 枳实有破气消积、化痰除痞的功效。主治胃肠积滞，湿热泻痢，胸痹，结胸，气滞胸胁疼痛，产后腹痛。《用药心法》记载：“枳实，洁古用去脾经积血，故能去心下痞，脾无积血，则心下不痞。”

（1）抗氧化作用

枳实中含有多种酚类化合物、多羟基基团等化学成分，例如黄酮、香豆及其衍生物。可以有效地清除人体自由基并抑制人体内的脂质氧化、DNA氧化等。

（2）抗炎作用

枳实具有抗炎作用，这与其含有的柠檬烯、柚皮苷、橙皮苷等活性物质有关。

（3）其他作用

枳实、枳壳有抑制血栓形成、抗溃疡等作用。

## 四、烹饪与加工

### 枳实粥

（1）材料：枳实1份，大米10份。

（2）做法：枳实洗净后加水浸泡一刻钟，煮开后去渣取汁；加大米，熬煮成粥。

（3）用法：每日1次。

（4）功效：具有行气消痰等功效。

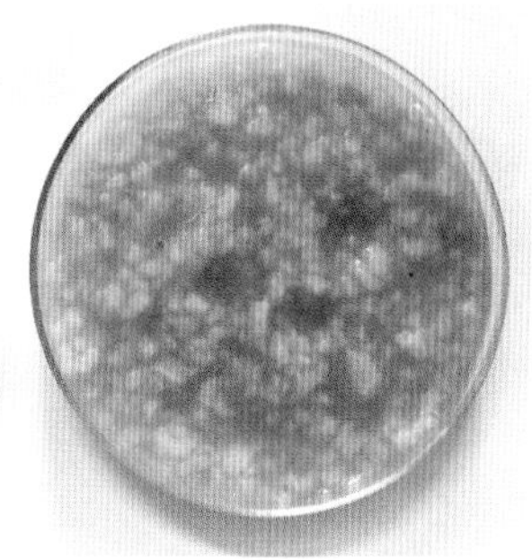

枳实粥

### 枳实萝卜

（1）材料：枳实1份，油、萝卜、虾米、盐适量。

（2）做法：枳实水煎取汁备用。热锅加油少量，加入萝卜和虾米，翻炒均匀后浇入药汁，加盖炖煮，萝卜烂透后加入盐等即可出锅。

（3）功效：具有润肠通便的作用。

## 五、食用注意

（1）脾胃虚弱暂勿食用。

（2）孕妇暂勿食用。

## 《红楼梦》中枳实的用与不用

《红楼梦》第五十一回：宝玉的丫鬟晴雯中了风寒，有些鼻塞声重，懒得动弹。请来胡庸医，隔幔诊脉后说："小姐的症是外感内滞。近日时气不好，竟像是个小伤寒。幸亏是小姐素日饮食有限，风寒也不大，不过是血气原弱，吃两剂药疏散疏散就好了。"

医生走后，宝玉看了药方。上面有紫苏、桔梗、防风、荆芥等药，后面又有枳实、麻黄。宝玉道："该死，该死，他拿着女孩儿也像我们一样的治，如何使得！凭他有什么内滞，这枳实、麻黄如何禁得！"

后来又请了王太医，重开一方。只是方上没有枳实、麻黄等药，倒有当归、陈皮、白芍，药的分量也减了些。

贾宝玉自作聪明，认定胡庸医给晴雯开的是虎狼药。其实胡庸医不庸，摸脉准确，用紫苏、桔梗、防风、荆芥散发，用枳实、麻黄消滞，立方有据。若麻黄、枳实用量合适，可以药到病除。

王太医的方子虽然受到"护花使者"的肯定，但是用药后晴雯依旧高热、咳嗽，后来王太医将疏散去邪的药减去了，添了地黄、茯苓、当归的养血之剂。晴雯终于死在小伤寒的病根上。

该投虎狼药而不投，故而误事，宝玉、王太医是有责任的。

# 茶籽

这开梦觉底因缘，佛佛心同亡后先。
一点灵明三世外，十分妙净万机前。
琢磨自得丛林下，游戏何妨百草颠。
尘刹纵横俱化事，起家人只夺空拳。

——《荣上人发心知罗汉堂办茶油事乞颂》（宋）释正觉

## 一、物种本源

### 拉丁文名称，种属名

茶籽是山茶科植物茶树和油茶等干燥成熟种子的总称，包括油茶籽和普通茶籽。我们通常提到的茶籽，一般是指油茶籽，是油茶（*Camellia oleifera* Abel）的成熟种子，也叫山茶籽、茶籽。

茶树果实

### 形态特征

油茶是我国特有的木本油料作物，具有悠久的种植历史。油茶为灌木或者小型乔木，叶子革质，有光泽；花顶生于枝端，花瓣5~7片，白色；蒴果球形，果爿木质，厚度3~5毫米，种子黑褐色。根据其果实中种子数目的不同，油茶又可分为油茶和单室油茶；前者每个果实中有3~5颗种子，后者一般只有1颗。使用茶籽加工得到的茶籽油，不饱和脂肪酸含量极高，品质可媲美橄榄油。

### 习性，生长环境

茶籽主要产于江南和华南地区，而油茶籽主要分布在湖南、广西、江西、浙江等全国18个省市区。

## 二、营养及成分

茶籽含油量在30%以上，其中70%以上是油酸；另外，还含有11%的亚油酸、1.6%的亚麻酸、8.2%的棕榈酸和0.73%的硬质酸，其营养价值比大豆油、花生油等都高，且其维生素E为20.7 IU/100克，是橄榄油的两倍。每100克茶籽部分营养成分见下表所列。

| | |
|---|---|
| 茶多酚 | 68.50毫克 |
| 总黄酮 | 2.10毫克 |

## 三、食材功能

**性味** 味甘、性平。

**归经** 归脾、胃、大肠经。

**功能** 茶籽具润肠通便，润肺祛痰和清热化湿等功效。内服或外敷，能治口腔溃疡、烫伤和便秘等。《本草纲目》记载："茶油性偏凉，有凉血、止血、清热、解毒之功效，主治肝血亏损，驱虫，益肠胃，明目。"

（1）调节人体免疫力

茶籽中多不饱和脂肪酸的含量为8%左右，可以有效避免不饱和脂肪酸过度氧化产生自由基，从而增强人体免疫力。

（2）预防心血管疾病

茶籽中的不饱和脂肪酸和矿物质，可以增强血管弹性，降低心血管疾病的发生率。

## 四、烹饪与加工

茶籽一般不直接食用，通常以茶籽油的方式进行食用或烹调食物。茶籽油被认为是"东方橄榄油"，适合制作凉拌菜；长期食用茶籽油，具有清肠润胃、促进新陈代谢、消炎解毒等保健功效。

## 茶籽油凉拌菜

常见的食用油如菜籽油，不能直接用于凉拌，需要加热后放凉再用于凉拌。而茶籽油则与橄榄油类似，可以直接用于凉拌。

## 茶籽油

茶籽油的加工主要有压榨、超临界二氧化碳萃取和有机溶剂萃取等方法。机械压榨法是茶籽油最常见的加工方式，包括低温压榨和高温压榨两种工艺。低温压榨所获得的毛茶油杂质少、色泽浅，是目前的主流工艺。高温压榨法采用螺旋榨油机进行连续压榨，由于压榨过程温度较高，导致获得的毛茶油杂质多、色泽深。

茶籽油

## 茶籽粕蛋白

榨油后的茶籽粕富含蛋白质，一般使用碱溶酸沉的方式对其进行提取。有研究发现，结合蒸汽爆破技术，可以提高茶籽粕中蛋白质的提取效率。在蒸汽爆破压力为0.8~2.3MPa、蒸汽爆破时间为30~120秒时，茶籽粕中蛋白质的提取率可达71.01%。

### 茶籽粕多肽

以茶籽粕蛋白为原料，可以制备不同功能的茶籽粕多肽，包括具有抗氧化、降血糖等功能多肽。一般使用蛋白酶水解的方式制备茶籽粕多肽，影响因素主要有酶的种类和用量、酶解pH值、酶解温度、底物浓度等。

## 五、食用注意

肥胖以及减肥者暂勿食用茶籽油，因其热量高，容易增加人体重量。

## 茶籽的传说

有着中国“养生始祖”之称的彭祖，相传他活了八百八十岁。晋葛洪《神仙传》形容他：“殷末已七百六十七岁，而不衰老。”相传在三皇五帝中的尧帝时期，中原地区洪水泛滥成灾。作为当时部落首领的尧帝指挥治水，由于长期心怀部落和部众安危，积劳成疾，卧病在床；数天滴水未进，生命垂危。就在这危急关头，彭祖根据自己的养生之道，立刻下厨做了一道野鸡汤。汤还没端到跟前，尧帝远远闻见香味，竟然翻身跃起，食欲大振，随后一饮而尽，次日容光焕发。此后尧帝每日必食此鸡汤，虽日理万机，却百病不生。一时传为美谈并流传下来。

雉鸡当时并不罕见，配料也无玄机，“疑点”便集中在彭祖的另一秘方上。《彭祖养道》上曾记载：“帝食，天养员木果籽。”一碗普通的鸡汤有养生功效也就来自这小小的员木果籽（茶籽）。彭祖正是知道员木果籽（茶籽）的养生功效，才会一招中的。尧帝在位七十年，终于118岁仙寿的秘密也尽在这茶籽之中。

# 茴香籽

邻家争插红紫归，诗人独行齅芳草。
从边幽蠹更不凡，蝴蝶纷纷逐花老。

——《和柳子玉官舍十首之茴香》
（北宋）黄庭坚

## 一、物种本源

### 拉丁文名称，种属名

茴香籽也叫小茴香，是伞形科一年生草本植物茴香（*Foeniculum vulgare* Mill.）干燥成熟的种子。

### 形态特征

茴香株高0.4～2米，茎灰绿色或白色，直立光滑，有分支；茴香叶子为阔三角形的羽状复叶，长4～30厘米，宽5～40厘米；花为复伞形花序，小伞形花序有小花14～39朵，花瓣黄色；果实长圆形，有棱，长4～6毫米，宽度1.5～2.2毫米。每年5～6月开花，7～9月结果。

### 习性，生长环境

茴香原产地位于地中海，目前在全国各地均有种植。

茴香植株

## 二、营养及成分

茴香籽营养丰富，含有11.80%的脂肪，其中洋芫荽子酸含量最高，

约占总脂肪酸的60%；含有5%左右的挥发油，主要有茴香醚和小茴香酮等。此外，还含有多种氨基酸、甾醇及糖苷类化合物。每100克茴香籽部分营养成分见下表所列。

|  |  |
| --- | --- |
| 蛋白质 | 14.50克 |
| 脂肪 | 11.80克 |
| 钾 | 1104毫克 |
| 钙 | 751毫克 |
| 镁 | 336毫克 |
| 磷 | 336毫克 |
| 钠 | 79.60毫克 |
| 烟酸 | 7.10毫克 |
| 锌 | 3.46毫克 |
| 锰 | 3.14毫克 |
| 铜 | 1.76毫克 |
| 维生素E | 0.70毫克 |
| 核黄素 | 0.36毫克 |
| 铁 | 0.90毫克 |
| 硫胺素 | 0.04毫克 |

## 三、食材功能

**性味** 味辛，性温。

**归经** 归肝、肾、膀胱、胃经。

**功能** 茴香籽具有温肾暖肝、行气止痛、和胃的功效。主治寒疝腹痛，睾丸偏坠，脘腹冷痛，食少吐泻，胁痛，肾虚腰痛，痛经。《开宝本草》记载："主膀胱间冷气及盲肠气，调中止痛，呕吐。"

（1）助消化作用

茴香籽具有促进肠道蠕动作用以及胆汁分泌的作用，而且会增加胆汁中固体成分含量。

（2）保护肝脏作用

茴香籽中的挥发油可以促进肝脏组织的再生。

## 四、烹饪与加工

茴香籽主要作为香料，用于各类食物的烹调。例如，包饺子和面时加入少量茴香籽粉，可以包出具有茴香香味的饺子。此外，茴香籽还是卤菜、火锅和烧烤等食物必不可少的调味料，具有去除异味和提香等作用。

茴香籽粉

### 小茴香粉

小茴香粉是茴香提取物等应用的原料。使用粉碎机可以容易得到茴香粉，但是茴香籽的出粉率、粉末的颗粒度等，会受到粉碎次数、粉碎速度、时间等粉碎工艺参数的影响，得到的茴香粉的品质也有差异。

### 小茴香油

以粉碎的茴香籽为原料，经浸提和蒸馏等工序可以得到小茴香油。该工艺下，茴香籽的出油率受到茴香籽粉末颗粒度、浸泡时间和蒸馏时间等提取参数的影响。

## 五、食用注意

阴虚火旺者禁服。

## 茴香的故事

唐朝时，长安是世界上最伟大的首都，是东方文明的中心，很多外国人都在长安学习、生活。当时，有一个波斯公主嫁给了唐朝的皇帝，她生得明艳动人，唱歌也非常好听，嗓子就像百灵鸟一样，深得皇帝的宠爱。刚到长安的时候，公主觉得长安的一切都很新鲜，可是时间一长，公主愁容渐生。

皇帝不知什么原因，就问公主。公主说："我的家乡波斯是一望无际的草原，有着蓝蓝的天空，成片的牛羊在吃草，我多么渴望能再见到我们家乡的草原风光啊！"原来，公主得了思乡病。于是皇帝带着公主到北方草原去打猎。当他们尽情地在大草原上策马驰骋的时候，处处都可以看见成群的肥壮的羊群、马群和牛群，在太阳下就像是绣在绿色缎面上的彩色图案一样美。公主骑着骏马，优美的身姿映衬在蓝天、雪山和绿草之间，显得十分妖娆动人。她欢笑着，跟着嬉逐的马群在草原上驰骋，而每当停下来的时候，就倚着马，轻轻地挥动着牧鞭，深情地歌唱她的爱情。见此情景，皇帝非常高兴和陶醉。

随后，侍从们献上烤全羊请皇帝与公主享用。烤全羊外表金黄油亮，肉焦黄发脆，内部则绵软鲜嫩。公主吃了一口，对皇帝说："烤肉味道不错，但感觉比我家乡的烤肉少了一种香味。"皇帝身边有一个机灵的随从说："我以前看波斯商人烤肉的时候总要放些像草籽一样的香料。"于是皇帝命令重新烤肉，公主品尝了加香料烤好的羊肉后高兴地说："这个就是家乡的味道，在草原上吃烤羊肉，我好像回到了遥远的家乡。"

皇帝问这是什么香料，可谁都不知道这种香料的名字。皇帝就说："它的味道让公主觉得回到了家乡，这种香草籽就叫回乡吧。"经过多年的流传，这种草籽的名字就被传成了茴香。后来人们发现除了烹饪调味以外，茴香还有很多药用价值，对于肠胃病、疝气、妇科病都有疗效。

# 参考文献





[1] 中国科学院中国植物志编辑委员会.中国植物志[M].北京：科学出版社，1993.

[2] 陈寿宏.中华食材[M].合肥：合肥工业大学出版社，2016.

[3] 国家药典委员会.中华人民共和国药典[M].北京：中国医药科技出版社，2010.

[4] 南京中医药大学.中药大辞典[M].上海：上海科学技术出版社，2006.

[5] 张媛媛，曾慧婷，袁源见，等.藏药诃子的化学成分与药理活性研究进展[J].中国药方，2018，29（14）：2002-2006.

[6] 马英华，张晓娟.牛蒡子药物应用的研究进展[J].中医药信息，2017，34（2）：116-119.

[7] 高奕红，张知侠.牛蒡子精油的提取及成分分析[J].广东化工，2019（11）：29-30.

[8] 胡超，杨陈，黄凤洪.葵花籽活性成分及生理功能研究进展[J].中国食物与营养，2017（10）：58-62.

[9] 郭紫婧，赵修华，祖元刚，等.葵花籽油的酶辅助压榨制备工艺优化[J].植物研究，2019（6）：964-969.

[10] 赵微微，李松华.新型复合葵花籽粕多肽功能茶饮料的研制[J].现代食品，2018（22）：165-169.

[11] 李兴武，章黎黎.芥菜籽的研究进展及在食品中的应用[J].粮食与食品工业，2013（4）：47-49.

[12] 张鑫，任元元，王波，等.油菜籽绿色加工技术研究进展[J].油脂加工，2020

（1）：58-62.

[13] 孙亚男，王雯雯，段洪云.药食同源冬瓜子之妙用.现代养生B[J]，2014（8）：298.

[14] 吕选民，常钰曼.柴草瓜果篇第五十三讲冬瓜子[J].中国乡村医药，2019（21）：50-51.

[15] 李昕升，王思明.嗑瓜子的历史与习俗——兼及西瓜子利用史略[J].广州大学学报（社会科学版），2015（2）：90-95.

[16] 彭丹，何向楠，鲁玉杰.微波辅助提取西瓜子油工艺的研究[J].河南工业大学学报（自然科学版），2014（1）：37-40.

[17] 江伟强.风味黑瓜子的制作[J].广州食品工业科技，2002（2）：41-42.

[18] 方铁路，王景源，李玉岩，等.盐焗南瓜子负压入味加工工艺研究[J].现代食品，2020（8）：82-84.

[19]王庆玲，张磊，姬华，等.水酶法提取南瓜子油工艺研究[J].粮食与油脂，2011（8）：21-23.

[20]周露，范定涛，卢明玥，等.冷榨南瓜子油饼蛋白质提取工艺及功能性质研究[J].食品科学，2012（22）：139-144.

[21] 邓源喜，张姚瑶，董晓雪，等.花生营养保健价值及在饮料工业中的应用进展[J].保鲜与加工，2018（6）：166-169，174.

[22] 刘日斌，刘晓萍，吴凌莺，等.利用有机凝胶制备稳定型花生酱工艺优化及其贮藏品质[J].食品工业科技，2019（2）：201-205，214.

[23] 刘庆芳，蒋竹青，贾敏，等.花生粕综合利用研究进展[J].食品研究与开发，2017，38（7）：192-195.

[24] 许梦莹，郭日新，张晓，等.沙苑子化学成分研究[J].中国中药杂志，2018，43（7）：1459.

[25] 康丽，邱仁杰，王秀丽.沙苑子不同规格炮制品中沙苑子苷A的含量比较研究[J].环球中医药，2017（6）：578-581.

[26] 付允，李小清，张庆贺，等.槐角有效成分的研究进展[J].特产研究，2018（4）：95-97.

[27] 何生湖，尤淦，于莉萍.葫芦巴粉在食品应用中的试验报告[J].中国农业信息，2013（1）：124.

[28] 薛蕾.响应面法优化葫芦巴油脂超声提取工艺研究[J].宁夏师范学院报，2020（1）：46-52.

[29] 杨沛丽.葫芦巴护肤品的研制及性能研究[D].天津科技大学，2018.

[30] 曹秀敏，乔保建，刘宏敏，等.超临界流体$CO_2$萃取韭菜籽油的初步研究[J].农产品加工·学刊（下），2013（11）：1-6.

[31] 周丽丽，徐皓.韭菜籽蛋白的提取及抗氧化活性研究进展[J].临床医药文献电子杂志，2020（11）：159-161.

[32] 赵利，党占海，李毅，等.亚麻籽的保健功能和开发利用[J].中国油脂，2006（3）：71-74.

[33] 刁景丽，等.蒙药冬葵果宏量元素与微量元素测定[J].中国民族医药杂志，18（5）：31，45.

[34] 张雨薇，丁捷，王艺华，等.火麻仁青稞膨化饼干配方及关键工艺优化[J].粮食与油脂，2020（5）：76-80.

[35] 李绍波，李秀良，卢文学.火麻奶的研制[J].乳品加工，2009（6）：50-51.

[36] 李亚会.白芝麻与黑芝麻功能品质差异的研究[D].河南工业大学，2018.

[37] 张艳，宋高翔，陶宇.芝麻油加工工艺现状及发展趋势[J].粮食与食品工业，2015（5）：23-26.

[38] 张森，何莲，贾洪锋.不同加工方式对芝麻酱感官品质的影响研究[J].中国调味品，2019（7）：107-111.

[39] 李冲冲，龚苏晓，许浚，等.车前子化学成分与药理作用研究进展及质量标志物预测分析[J].中草药，2018（6）：1233-1246.

[40] 刘殿锋，郭培军，吴春昊.酸枣仁安神保健酒的发酵工艺[J].濮阳职业技术学院学报，2020（3）：21-23.

[41] 王欣，夏新奎.郁李仁粗多糖的提取工艺研究[J].江苏农业科学，2013（1）：269-270.

[42] 吴晓菊.巴旦木干酪的加工工艺[J].新疆畜牧业，2019（1）：25-28.

[43] 邸瑞芳.桃仁糖加工技术[J].农村新技术，2010（24），56.

[44] 李丽英，汪松能，俞素琴，等.抹茶桃仁曲奇制作技术的研究[J].广东茶业，2020（2）：10-14.

[45] 何媛媛，陈凡，孙爱东.刺玫果功效及食品开发研究进展[J].中国食物与营

养，2015（6）：25-28.

[46] 姜雨，李雪峰，秦汝兰.山刺玫果发酵保健凉茶的研制[J].人参研究，2020（1）：47-54.

[47] 曲中原，冯晓敏，邹翔，等.枳实研究进展[J].食品与药品，2017（6）.

[48] 赖梅生，杨柳.茶油的药理与临床应用研究进展[J].中医外治杂志，2007（16）：455-459.

[49] 张美娜.提取工艺对山茶油活性成分及抑菌效果的影响[J].食品与机械，2019（1）：177-180.

[50] 张善英，徐鲁平，郑丽丽，等.蒸汽爆破辅助提取油茶籽蛋白及其功能性质分析[J].中国油脂，2019（9）：47-53.

[51] 王新慧，李敏，柴欣，等.小茴香饮片的粉末均匀化研究[J].天津中医药大学学报，2020（1）：82-86.

[52] 马延红，孙侨生，段志芳，等.小茴香挥发油提取工艺优化及抗氧化研究[J].中国调味品，2020（2）：68-71.